ザ・ソウル・オブ・くず屋

SDGsを実現する仕事

東 龍夫

コモンズ

もくじ●ザ・ソウル・オブくず屋

「くず屋」という仕事

一〇〇〇年以上前からあった仕事

古紙《こし》や鉄くず、空きびんやボロ（古着《ふるぎ》や古布《こふ》）などの再生資源を回収する事業者は、全国津々浦々にいます。何でも回収する人もいれば、品目別に集める専業の人もいます。昔は「くず屋」と呼ばれていました。北海道では、なぜか「雑品屋《ざっぴんや》」と言われます。

くず屋というのは、実は差別用語だそうです。ある新聞に原稿を依頼されたときに、「くず屋さんが見た国連環境ブラジル会議」というタイトルを付けたら、ダメが出ました。この会議は、一九九二年にブラジルのリオデジャネイロで開かれた環境問題をテーマとする国連主催の国際会議で、正式名称を「環境と開発に関する国連会議」と言います。筆者も一人の市民として参加しました（八二ページ参照）。ダメ出しされたのは、「そんなことをするヤツは人間のクズだ！」なんて言い方もあるせいなのでしょうか。

くず屋は、歴史的には非常に古い職業です。平安時代に菅原道真《みちざね》などが編纂《へんさん》した『日本三代実録』には、すでに古紙回収・再生の記録があります。いまから一〇〇〇年以上前です。江戸時代には、古紙・鉄くず・ボロはもちろん、竈《かまど》の灰や糞尿までが金銭で売り買いされたと言います。一九四〇年前後の札幌市の清掃行政の記録に、汲み取られた糞尿（家畜でなく人間の！）が販売されていたという記録を見つけたときは、ちょっと驚きました。

くず屋今昔

落語好きの母親を車いすに乗せて（当時、要介護四）、中小企業の福利厚生を援助する「さぽーとさっぽろ」の年末無料ご招待の寄席《よせ》に行ったことがあります。漫才、コントと演題は進み、その間、やれトイレ介助だなんだとバタバタしながらも、いよいよ最後、お目当ての落語の番になりました。その演目は「紙屑屋《かみくずや》」。

以前から聴いてみたかった、江戸時代の古紙リサイクルを題材にした落語です。道楽者の若《わか》旦那《だんな》が古紙の選別問屋で働くさまを面白おかしく伝えます。選別人の若旦那は、古紙を大きく三つに粗《あら》選別します。書き込みが少なく比較的白っぽいものを「ハクシ（白紙）」、書き込みが多く黒っぽいものを「カラス」、厚手の紙を「線香箱《せんこうばこ》」（当時、紙箱のほとんどがこれだったらしい）と呼んでいました。

現在もインクの多寡や紙の厚さが分別の基準の一つになっているので、共通しているところがあります。落語では三つに分けますが、実際には粗選別したものをさらに細かく二〇～三〇に分別していたそうです。面白いのは、古紙に混ざって集められてきたものも分別するところです。

「陳皮《ちんぴ》」って知っていますか？　漢方薬に詳しい人なら、「風邪の特効薬」という答えが返ってきます。これは実は、みかんの皮。一年間陰干ししたみかんの皮五グラムに熱湯を注ぎ、蜂蜜を加えると美味しく飲めて、のどの痛みや咳《せき》に効きます。

それから髪の毛！　髪にふくらみを持たせたりする装飾用のかもじ（女性の日本髪を整えるための添え髪）に使っていたそうです。髪の毛が一番高く売れたので、出てくると選別人は大喜びだったとか。

このころの選別人の給料は出来高払いで、分別したハクシやカラスの目方を量って、親方が日当を払っていました。めったにないのでしょうが、かんざしや櫛《くし》、銭《ぜに》や小判が出てきたときには、「選別人のものになる」という不文律《ふぶんりつ》があったそうです。禁止してもネコババを防げなかったので、逆に熱心に働いてもらう方便として使ったのでしょう。

江戸時代から下って一九四五年の敗戦直後には、いまで言うホームレスやストリートチルドレンが街にあふれていて、「バタ屋部落」と呼ばれる集落がありました。リヤカーに積んだダンボール箱が風でバタバタと音がしたからバタ屋と言ったという説がありますが、定かではありません。アジアのスラムとそっくりのバラックの集落で、くず物を拾ったり買い集めたりして、数家族ごとに共同生活をしていました。キリスト教の教会がリヤカーを貸し出し、くず物を集めさせてお金に換え、自立の支援をしたそうです。

東京の隅田川沿い（台東区側）にあった「蟻《あり》の町」というバタ屋部落は、そこで中心的に活動したシスターを主演に、『蟻の街のマリア』（五所平之助監督、一九五八年）という映画になりました。札幌にも、東橋《あずま》という豊平《とよひら》川に架かる橋の下に、「サムライ部落」と呼ばれる場所があったそうです。つのだじろうという漫画家が残した『サムライの子』（原作は、山中恒『サムライの子』講談社、一九八〇年（初版は一九六〇年））には、差別に悩み苦しむ子どもの姿が描かれています。この漫画は、一九六九年に虫コミックスとして刊行され、若杉光夫監督・今村昌平脚色で、一九六三年に映画にもなりました。

循環を支える「静脈産業」

そんなくず屋業界は、製紙や製鉄の主力原料を供給する業界として発展しました。二度の石油ショック（一九七三年と七九年）や世界的な天然資源の逼迫《ひっぱく》を背景に、資源リサイクルの戦略的重要性も高まっています。ごみ減量の有力な手段としても注目を集め、天然資源やエネルギーの消費量を抑える「環境産業」として期待されるようになりました。

現在では産業を人間の身体にたとえて、物を作り出す「動脈産業」に対して、老廃物を循環させる「静脈産業」とも呼ばれます。全国に広がる小さなくず屋のネットワークは、さしずめ「毛細血管」です。動脈と静脈をつなぐ毛細血管がないと、健康な身体は維持できません。小さなくず屋さんが各地でその役割を果たしていく日本独特のリサイクルの仕組みが、地域社会をベースとする未来の「地域循環型社会」のひとつのヒントになるかもしれません。

わたしは現在、くず屋さんの組合である札幌市資源リサイクル事業協同組合（加盟四一社）の理事長をしています。以下は、組合設立二〇周年（二〇一四年一〇月）に寄せた、わたしの理事長挨拶です。


「当組合の組合員の特徴として、町内会などの実施する集団資源回収に取り組む組合員が多いことが挙げられます。集団資源回収の主要回収品目は古紙です。しかし、組合設立のころから古紙価格が史上最低価格に暴落して、回収の継続が危ぶまれる事態になりました。古紙回収の長い歴史のなかで、このとき初めて『逆有償《ぎゃくゆうしょう》』という言葉が生まれました。お金を払って商品として買い上げていた古紙を、お金をもらって回収するようになったのです。一九九七年には、札幌市内で窮状を訴える回収業者によるデモ行進が行われる事態になりました。

古紙価格の低迷は長期にわたり、集団資源回収に対する行政からの支援を求めて、組合はさまざまな活動に取り組みました。その活動は、やがて市民・行政の理解を得て実を結びます。札幌市に提出する伝票の発行手数料、回収後の選別残渣処分料の一部補助金の交付などを経て、二〇〇二年から回収重量に応じて業者奨励金が交付されるようになりました。形を変えながらもこの制度は今日に至り、市民・行政そして回収業界による集団資源回収が、地域社会の重要なリサイクルシステムとして位置づけられることになりました」

循環型社会に果たすくず屋の役割

こうした組合は、沖縄から北海道まで全国各地にあります。その連合組織が日本再生資源事業協同組合連合会です。この連合会は、年一回各地持ち回りで大会を開催しています。二〇一五年六月には、わたしの地元・札幌で開催されました。

大会プログラムの中には記念講演があり、講演者はベストセラーにもなった『里山資本主義――日本経済は「安心の原理」で動く』(角川書店、二〇一三年)の著者のひとり藻谷《もたに》浩介さん。講演テーマは「『里山資本主義』で循環型社会を創る」でした。藻谷さんは、研究者として再生資源業界に興味を持っていました。世界を覆うマネー資本主義に対して、地域の資源を地域で生かす循環型社会が里山資本主義です。その中心産業は、林業・農業・漁業ですが、再生資源を生み出すわたしのようなくず屋もその仲間になれそうです。

しかし一方で、「大量生産・大量消費・大量廃棄が大量リサイクルに変わっただけで、環境を破壊する生産・消費の構造は何も変わっていない」という批判もあります。循環型社会という古くて新しい社会構想の実現に、地域の中でくず屋はどんな役割を果たせるのか? 模索の日々は、これからも続きます。

くず屋さん事始め

チリ紙交換車でございます

一九七九年。アメリカのスリーマイル島原子力発電所が、かねてより懸念されていた大事故を起こした年です。他方、各国が「第二次石油ショック」と言われる石油価格の急騰に見舞われた年でもあります。

その二年ほど前から体調を崩していたわたしは、アルバイトを転々としていました。秋には工事現場で働いていましたが、一二月になると雪に覆われる北海道では、その仕事はなくなります。年が明けて、「これからどうしようかな」と考えていたとき、秋まで同じ工事現場で働いていて親しくなったまっちゃんから、思ってもみなかった仕事に誘われました。

「古紙の値段が相当上がっている。以前チリ紙交換をやっていたことがあるけど、いまならいい金になる」

当面仕事の当てがなかったわたしは、「どんなもんかな」という感じで、まったく予備知識のなかった道を歩み始めました。

チリ紙交換というのは、古新聞・古雑誌を一軒一軒の家庭や会社から回収して、そのお礼にチリ紙を渡すという仕事です。そのころのチリ紙交換の景品は、ティッシュペーパーやトイレットペーパーではなく、いまではめったに見ることのないチリ紙でした。「チリ紙って？　南米のチリから輸入された紙ですか？」なんて聞かれそうなので、説明します。

チリ紙とは、ティッシュペーパーの箱から取り出した薄い四角い紙を一枚一枚広げ、そろえて束ねたものです。トイレにはチリ紙を入れる箱が置かれていて、「茶チリ」と呼ばれる少し分厚いチリ紙が積んでありました。新聞紙などをリサイクルして作り、漂白されていないので茶色だったのです。そのまた昔は、新聞紙そのものを二〇センチ四方に切って、トイレで使うこともあったと言います。わたしは、その経験はありません。

チリ紙交換と言えば、若い人は知らないかもしれませんが、トラックに載せた拡声器から流れる独特の言い回しの流し言葉が有名でした。

「毎度おなじみのチリ紙交換車でございます。お宅にご不要になった古新聞・古雑誌などございませんか？　ございましたら、手を振って合図願います」

わたしがまっちゃんから教わったフレーズには、それに付け加える部分がありました。

「ただいま車《くるま》、最低スロー速度で走っておりますので、通過してからも後ろからでも、合図いただければ、玄関前まで回収にうかがいます。ただいま車、〇〇商店の前を通っております」

行ってしまったと諦める人が多いから、後ろからの合図にも気を配るのがコツで、そうするとたくさんの古紙が集められるというのです。ですから、拡声器から流れる音はテープなどではなく、いつも走りながらの「生放送」でした。

自由な仕事を生業に

始めてみてすぐに分かったのは、トラック一台の一人親方だったので、仕事の組み立てが自分で自由にできること。幼い子どもたちの子育ての時間が欲しかったわたしには、うってつけの仕事だったのです。

主に札幌市内で流していましたが、市内だけではなく東の空知《そらち》地方や西の後志《しりべし》地方にもよく行きました。夏の夕暮れ、空知の炭住(炭鉱住宅)が並ぶ小道を流しながらそろそろと走っていると、家々には電燈《でんとう》が灯り始め、夕餉《ゆうげ》の支度をしている様子が分かりました。子どものころ見たことのある風景に似ていて、なんだか懐かしくなったことを思い出します。

年末になると、チリ紙交換はとても忙しくなります。暮れの大掃除で出てきた古新聞・古雑誌を年内に片付けて、すっきりして正月を迎えたい人が多かったからです。だから、年末ギリギリの大晦日まで仕事をしました。

「もう来ないのかと思ったよ。ほんとうに助かったわ、ありがとう」

と言われたことが、この仕事をその後も続けた大きな理由のような気がします。

当時、石油の値段だけでなく、古紙の値段も高騰していました。自治体のごみの分別も、まだまったくと言っていいほど行われていません。ごみステーション（集積所）には古新聞・古雑誌やダンボールがたくさん捨てられていて、それを拾うだけでけっこうなお金になったのです（いまでは、ごみステーションに捨てられているものを「拾う」と、札幌市では条例により罰せられます）。

「他人が捨てるものがお金になる」ことは驚きでした。そうこうしているうちに、「他人が捨てるもの」には、古紙だけでなく金属や衣類や、その他さまざまなものがあり、いずれもお金になることが分かりました。ただし、古紙価格がその後急落したこともあって、チリ紙交換車で流して集めるだけでは採算がとれなくなり、印刷工場や新聞販売店などの固定した取引先を持つようになります。こうして、くず屋の仕事はその後のわたしの生業《なりわい》となりました。

提案型のリサイクル運動

一九八〇年代に入ると、アメリカで行われていた「フリーマーケット」に注目した市民運動が各地に登場しました。その運動は、「リサイクル運動市民の会」と名乗り、日本社会に「リサイクル」という言葉が認知される大きなきっかけになります。『リサイクル文化』という名前の雑誌が発刊されたのも、このころです。

そうした新しい動きを知ったわたしは、東京や名古屋にあったリサイクル運動市民の会を訪ね歩きました。とくに名古屋の「中部リサイクル運動市民の会」の代表をしていた萩原喜之さんや「沖縄リサイクル運動市民の会」の代表をしていた古我知浩《こがちひろし》さんとは親しくなり、三〇年以上過ぎた現在も交流があります。

リサイクル運動市民の会を立ち上げた当時の若者たちは、「食える市民運動」「提案型の市民運動」を唱えました。それまでは「市民運動」というと、参加者がお金を出し合い運動を支えることが当たり前。「運動することでお金を稼ぐ」ことなどありませんでした。いまでは、非営利団体が収益事業を行う場合も多いし、逆に企業活動でも私益だけではなく公益を含む社会的事業が注目されています。

また、当時は「反権力」「反戦・反基地」「反開発・反公害・反原発」などなど、市民運動と言えば、主流は「NO！の運動」でした。その後、政府などに政策提言をするNGOや、市民派の議員を議会に送る運動、有機農業や自然エネルギーを広げる運動など、提案型の市民運動が広がっていきます。リサイクル運動市民の会は、そうした新しい市民運動の大きな流れのなかで生まれたNPO事業（非営利活動事業）を中心としていました。

その活動に刺激を受けたわたしは、演劇や映画を通じた市民運動をしていた友人と、北海道では初めてのフリーマーケットを開催。音楽ライブなどをやっていた「駅裏8号倉庫」というイベントスペースを使いました。そして、札幌市内で「リサイクルショップ」と初めて名乗ったお店を、友人と始めたりしました。

資源化できるものはすべて回収

一方で、くず屋の世界でも新しい動きが始まっていきます。

「リサイクル」をキーワードに新たにくず屋を始めた人たちを中心に、名古屋や沖縄のリサイクル運動市民の会も加わり、再生資源のリサイクルを目的にした「日本リサイクリング協会」という団体が生まれたのです（現在は解散）。わたし自身は、一人でやっていたくず屋の仕事に友人が加わりました。社会事業としてのくず屋に新たな可能性を感じ、町内会や子ども会などで行っていた「集団資源回収」を仕事の中心にしました。

それまでの集団資源回収では、古新聞を柱に古雑誌とダンボール、当時はまだたくさん使われていた一升びん・ビールびんが中心でした。それに加えて、「資源化できるものはすべて資源化する」ことを目標にしたのです。

さらに一九八〇年代の終わりごろ、紙パックを回収してリサイクルすることを目的にした市民運動があることを知りました。当時、紙パックは回収されていませんでしたが、食品容器のため天然パルプ一〇〇％で作られていて、紙としては非常に良質です。ただし、水分が浸み出さないように、薄いビニール製のラミネートが貼られています。そのラミネートを取り除くには、特別な工業設備が必要でした。

大規模な製紙工場では除去作業は難しかったのですが、市民運動の要望を受け入れてその設備を導入した、トイレットペーパーやティッシュペーパーを製造する家庭紙メーカーが現れました。北海道内にはそうした工場はなかったものの、わたしの会社では将来を見越して、だれもやっていなかった紙パックの回収を始めました。するとその後、道内にも紙パックを製紙原料として再生使用する家庭紙メーカーが現れ、現在では当たり前のように古紙として回収されています。

ほかにも、当時は回収されていなかった空き缶やカレット(ガラス製品を破砕したガラスくず)、古布、鉄くず、そして古新聞・古雑誌、ダンボール以外のさまざまな生活雑がみなどを集団資源回収の品目に加えました。

そうした新しい資源回収に共鳴してくれたのが、生活クラブ生協を中心にした女性たちのグループです。町内会などの地域団体とは別に、新たなグループをつくって資源回収に取り組み始めたのです。やがてその動きは、小学校のＰＴＡなどにも広がり、回収量も増えていきます。

くず屋は民間の公務員

全国の自治体で初めて「ごみの資源化」に取り組んでいた静岡県沼津市の井出敏彦市長を招いて、講演会もやりました。「混ぜればごみ、分ければ資源」という、沼津市のごみ行政の有名な標語があります。その標語をわたしの集団資源回収のキャッチフレーズとして、使わせていただきました。

当時の札幌市は、「燃えるごみ」「燃えないごみ」「大型ごみ」の三区分。やがて、沼津市の取り組みは全国に広がり、札幌市も現在は、「燃やせるごみ」「燃やせないごみ」「大型ごみ」「容器包装プラスチック」「びん・缶・ペットボトル」「雑がみ」「枝・葉・草」の七区分になりました。わたしの会社の取り組みは、その先駆けとなったとも言えます。

「わたしたちくず屋の社会的地位はまだまだ低いけれど、わたしたちのやっている仕事はとても公共性が高い。『民間の公務員』とも言えるんだ」

かつての日本リサイクリング協会の代表は、そう語っていました。

わたしの会社は、個人営業から一九九一年に有限会社になりました。そのころＮＰＯという法人格があったら、ＮＰＯ法人になっていたかもしれません。

拾って生きることのできない社会

天が与えてくれたもの

アジアは言うに及ばず、アフリカ・ラテンアメリカなどのスラムを訪れた人びとの報告に、決まって登場する職業があります。

「貧困に喘《あえ》ぐスラムの人びとは、紙くずやペットボトルを回収して細々《ほそぼそ》と生計を立てている」アメリカや日本のホームレスの人びとをレポートした記事にも、決まり文句があります。「不況のなか、彼らはアルミ缶やペットボトルを拾ってお金に換え、なんとか凌《しの》いでいる」

くず屋という職業は世界中で、底も底、究極の最底辺の仕事ということになるのでしょうか。

海外では、ごみの中から再生資源として売れるものを拾い出す人を「スカベンジャー」と呼びます。フィリピンのスモーキーマウンテンが有名です。実は、スカベンジャーの仕事は、自らの生計を支えるだけではなく、ごみを減量してリサイクルすることに貢献しています。「スカベンジャー」という言葉はまた、医学用語でもあります。曰《いわ》く「体内の不要物質や毒性物質を処理する器官・細胞など」。

スカベンジャーがいないと、人間は死んでしまうのです。問題は、仕事そのものにあるのではなく、スカベンジャーの仕事をしても貧困から抜け出せないことです。なぜ、そうなのか？失業して、家もなく家族もなく、一円のお金もなく、食べるものもない。お金を貸してくれる知り合いもおらず、公的な支援などもちろん受けられない。そんな状況に追い込まれたら、あなたならどうしますか？

道端に座って物乞《ものご》いをしてじっと待つか、一か八か盗みに走るか……。

実は、もうひとつの道があります。それが「拾う」という行為。他者に縋《すが》るのでもなく、傷つけるのでもなく、他者が捨てた、いまや「だれのものでもないもの」を拾うことによって、生き延びることができます。「だれのものでもないもの」とは、つまり「天が与えてくれたもの」です。

「拾う」という行為には、だれの所有でもない山菜やキノコを採るのと似たところがあります。「多くを欲しなければ、天は、あなたにとって必要なすべてのものを与えてくれるだろう」という仏陀《ぶっだ》の言葉を思い出します。複雑になった日本の資源リサイクル業界にも、そんな要素がまだ残っています。

しかも、世界中のとくに都市には、程度の差こそあれ「ごみ」があふれかえっています。だれかが捨てた「ごみ」の中には、「拾って売ることのできるごみ」があるわけです。日本でも、アルミ缶をごみの中から拾って生活している人がいます。おとなでも子どもでも、女でも男でも、だれでも拾うことができます。いつでもどこでも、そしてどんな困難な状況でもやれる仕事が、くず屋なのかもしれません。

拾うと罰金!?

ところが、札幌市では二〇〇九年四月から、ごみステーションに出されたアルミ缶を拾うことが条例で禁止されました（札幌市廃棄物の減量及び処理に関する条例）。ごみステーションからアルミ缶を拾うと、二〇万円以下の罰金が科せられるというのです。世界では、拾うことによってなんとか生き延びている人たちがたくさんいます。しかし日本では、これまで拾って生き延びてきた人たちに罰金が科せられました。

あるとき、アルミ缶拾いをしている五〇代のAさんに話を聞く機会がありました。

「持病でまともに働くことができないんですよ。週四〇時間は、とても無理。それでアルミ缶拾いをしている。ノルマがないし、身体の具合に合わせて働けるから。罰金になったらどうするか……。年金が少なくて食べていけないから、『拾い』をやっている爺さんがいるんだけど、何か一緒にやろうかって話し合っている。でも、何かやるって言ってもね。オレはもともと造園の仕事をやっていたんだけどね」

行政が罰則まで設けて「拾い」を禁止した理由は、「大規模に組織的に拾う業者が現れたから」とされています。しかし、アルミ缶に限らず再生資源価格は大きく変動します。とくに、二〇〇八年秋のリーマンショックによる世界金融危機のため資源価格は大暴落。条例で禁止された〇九年には、アルミ缶を組織的に拾う業者はすでにいませんでした。元造園業をしていたAさんを見かけることもなくなりました。いまは、どこで何をしているのでしょう。

熊本市では、同様の条例を改正しようとした行政に対して、ホームレス支援の立場から「連帯と寛容の精神を」という意見書が出されました。わたし自身も同様の立場から札幌市議会に陳情を行いましたが、否決されました。大阪市の担当者は、「ホームレスの方の収入にもなっているし」と条例化には消極的だそうです。那覇市では条例で禁止されているのですが、「そんなこと言ったって、みんな拾っているから禁止もできていないよ」と聞きました。西日本から南では、それなりに「寛容の精神」があるのでしょうか。

寛容な仕組みで税金も低減

札幌市は、アルミ缶拾いの実態調査を一度もしていません。「雇用されるというタイトな労働条件で働くことができないけれど、アルミ缶拾いだったらマイペースで働ける」人たちを、その仕事を禁止してもっと厳しい状況に追い込むことが行政の仕事とは、わたしには思えません。札幌市は条例を改正する前に実態調査を行い、地域住民はもとより、アルミ缶拾いをしている人たちの声を聴き、わたしたち再生資源業界にもヒアリングして、地域社会全体にとってより良い道を探るべきだったのではないでしょうか？

アルミ缶拾いをしていた人のなかには、地域の自治会と話をしてアルミ缶を分けてもらい、リサイクルして得た売り上げの一部を自治会に還元することを始めた人もいました。活動資金づくりの一環としてアルミ缶を集める、町内会などもあります。市の収集日に空きびんやペットボトルと一緒に出された袋の中からアルミ缶を選別して、集団資源回収に出すボランティアを行い、活動資金としている団体の役員もいます。そうした仕組みを地域に広げることもできたと思うのです。

札幌市のびん・缶・ペットボトル回収量は年間約三万四一〇六トン。収集・処理費用はトンあたり約七万一八〇〇円で、総額二四億四八〇〇万円になります(二〇一五年度)。選別されたアルミ缶は売却され、年度によっても異なりますが四億〜六億円もの収入が市にもたらされます。

もしそれらが、拾うことで生き延びていける寛容な仕組みのもとで回収されていたら、一〇〇〜二〇〇人が生きていくことができます。さらに、その回収・選別に使われるわたしたちの税金も低減し、それこそ市民の利益になるはずです。

協同組合に何ができるのか

古紙が減りだした

わたしの会社の主な仕事は、町内会やマンションの管理組合などの地域団体から古紙や空きびん・空き缶、古布や金属くずを回収して再資源化することです。現在、札幌市内を中心に約一二〇団体から回収の委託を受けています。回収量は、古新聞・古雑誌・ダンボールが圧倒的に多く、この古紙三品目で九五％以上です。こうした地域団体と回収業者による集団資源回収は、札幌市では一九七〇年代初めから取り組まれてきました。

ところがいま、こうした家庭からの資源回収に異変が起きています。国のリサイクル推進方針や札幌市のごみ減量政策もあり、右肩上がりで増え続けてきた古紙の回収量が二〇一二年から減り始めたのです。一六年は前年比四・七％減、一七年はさらに四％減。ピークの一一年に比べると一八・三％減、回収量では一万一四四二トンも減りました。一八年も前年比約七％減と伝えられています。これには二つの要因が考えられます。

第一は、若者を中心に新聞を読まない人が急速に増えていることです。ＮＨＫの継続的な調査によると、二〇代男性の新聞購読率（＝新聞行為者率、平日一五分以上読んだ人の割合）は一九九五年の三二％から二〇一五年には八％に、三〇代男性は五五％から一〇％に、それぞれ急落しました。

スマホなどインターネットの「無料」情報の端末が普及したせいで、月額四〇〇〇円ほどの新聞購読料を払うことの負担感が大きくなったと言われています。しかし、昔から「タダほど高いものはない」ということわざもあります。新聞にも企業の広告はたくさん載っていますが、経営の基本は読者の購読料です。ネットで配信される一見「無料」の、スポンサー企業というヒモのついた情報にだけ頼っていると、スポンサーの意向に沿う情報しか得られなくなるのでは、という危惧が浮かびます。

第二は、少子化・高齢化・人口減少です。子どものいる世帯からは、読み終わったマンガや絵本、ファッション誌などの雑誌、成長するにしたがって不要になる教科書・参考書などが古紙リサイクルに回ってきていました。しかし、高齢世帯からは、趣味や健康に関する一部の雑誌を除いてほとんど回収されません。雑誌の回収量は、新聞以上の減少率をたどっています。コンビニなどで無料配布されるフリーペーパーを最初は手に取っていた若者も、スマホで得られる情報で十分なので、紙媒体を手に取ることが少なくなっているそうです。古紙の扱い量の減少は、売り上げの減少に直結します。回収会社の経営にとっては大問題です。

最近、札幌市資源リサイクル事業協同組合の会議があると、若い組合員から将来の業界を憂慮する発言がしばしば出るようになりました。

「この五年で北海道内の新聞・雑誌の古紙回収量は一〇％も減った。電子情報の普及や若い世代の新聞離れなどがこのまま進むと、一〇年後にこの仕事で食べていけるんだろうか?」

これまでも業界は、再生資源価格の暴落で何度も苦境に立たされましたが、しぶとく生き残ってきました。ただし、「回収物そのものが減少する」という事態は、初めての経験です。全体の回収量が減れば、各業者の競争が激しくなるのは当然です。協同組合といっても元々は競争関係にある同業者の組合は、「競争相手でありながら、助け合う」という矛盾をかかえています。「協同」は崩壊してしまうのか。みんながそろって生き残る道はあるのか?

協同組合の真価が問われています。

無料化をきっかけに協同組合を設立

札幌市では、古くから協同組合の歴史があります。以前の名前は「札幌再生資源事業協同組合」と言いました。その元理事長で、現在はわたしが理事長を務める組合に加盟している長老のOさんに話を聞く機会がありました。

「業界に入ったきっかけは、もともと他人に使われたくない性分だったから。一九六〇年ごろ、建場《たてば》(回収された古紙などの買い取り場所)を経営している知り合いから話があって、経営を引き継ぐことになったわけ。当時はリヤカーで古紙・びんを回収する専属の買い出し人(家庭

や事業所から再生資源を買い取って回収する人）が一〇人くらいいた。リヤカーを貸し出す建場が多いなかで、うちでは自前のリヤカーで仕事をして、それぞれが独立するように勧めたんだよ。そのせいか、仕事熱心な人ばかりだった」

建場には買い出し人だけでなく、一般の人も古紙や空きびんを売りに来ていたそうです。いわば地域のリサイクルセンターの役割を果たしていたのでしょう。最近は、リヤカーそのものを見かけなくなりました。でも、将来はまた、ビルの立ち並ぶオフィス街をリヤカーが走り回るようになるかもしれません。「CO_2排出ゼロの究極のエコカー」として！

「組合をつくったのは、札幌オリンピックがあった一九七二年。有料だったごみ収集が、無料になったんだよ。回収業者は、それまで回収されていた古紙がどんどんごみに出されかねないと無料化に反対したけれど、実施されてしまった。札幌市は、その代わりに町内会の集団資源回収を普及させるから、その回収の受け皿として組合をつくってくれ、という話になったわけ。発足当初の組合員は約三〇社。ちょうどその時期から、古紙回収はリヤカーからトラックのチリ紙交換に変わっていった。

初めのうちは町内会の集団資源回収を組合が一手に引き受けていたけれ

ど、組合だけでは対応できないくらい増えて、組合員以外の回収業者もやるようになった。当時はごみ埋立地に何でも運ばれて、そのまま埋め立てられるものが多かったから、組合から札幌市に埋立地の鉄くずなどの分別回収を提案して、それを市が採用したんだ」

その提案によって、埋立地の分別回収が組合の協同事業になりました。札幌市の一般廃棄物許可業者は、昔は八社限定で、今は環境事業公社だけ。組合では一般廃棄物の許可免許を求めたけれど、認可されなかったそうです。その後、資源再生の協同事業は「産業廃棄物の収集・運搬」になり、各戸の集団資源回収とは無縁になったため、新たに札幌市資源リサイクル事業協同組合が設立されました。

長老の願い

Oさんの話から、札幌市の集団資源回収には初めから行政が関わっていたことが分かります。ごみの「無料化」がきっかけだったわけですが、時代はめぐり、「再有料化」となりました。一般廃棄物免許の許可権限は、もっぱら地方自治体にあります。その数は一社でも一〇〇社でも自治体の意向しだいです。

札幌再生資源事業協同組合が免許許可を行政に働きかけたのには、理由があります。特権的な許可を受けている業者が、商店などに対して「ダンボールもうちで回収させてほしい。回収をさせてもらえなければ、ごみも収集しない」という営業を展開し、商店などからダンボールを回収していた資源回収業者が大打撃を被っていたからです。その後、市内の許可業者は「収集の効率化と不適正処理の防止」を目的に一社に統合されました。旧八社はその下請けという構図です。しかし、一方で「独占」と「天下り」という問題がどうしても浮かび上がります。

さらに、行政は、「ごみ減量」を呼びかけていますが、環境事業公社はごみが減ると仕事が減ります。循環型社会を実現していく過程では、公社の仕事はどんどん減っていくのが当然ですが、果たしてそうなるのか……疑問や疑念が付きまといます。

五〇年以上の経緯を見てきたOさんは、再生資源事業の未来を案じていました。

「集団資源回収については、車や人手の経費が上がり続けるなかで回収量は減っている。いま主流の、業者に任せっきりの戸別回収で、続けていけるのか。昔は回収団体の役員さんがたくさん出て協働作業でやったもんだが、そうした回収の仕方の良さを改めて見直す必要があるのじゃないだろうか。われわれの仕事が社会に必要とされなくなるのであれば仕方ないが、わたしは今後も必要とされると思う。いや、必要とされる存在になってほしい。若い人たちには、お客さんの喜ぶ顔を一番の励みとして、続けてがんばってほしい」

協働型の集団資源回収もまだ残っています。そこでの協働作業による人と人との触れあいが、とても大事ではないでしょうか。そのような回収の仕事は、働きがいにつながります。ＡＩ（人工知能）による自動運転車が登場する未来には、資源回収もＡＩがやるようになるのかもしれません。しかし、そこには触れあいや働きがいはありません。

一匹狼の組織化!?――協同組合の本来の使命

札幌市資源リサイクル事業協同組合の理事長経験者でもう一人の長老のKさんの会社は、子どもたちが仕事を継いでいます。Kさんが業界に入ったのは一九七三年、石油ショックで古紙価格が高騰した時期です。

「チリ紙交換の全盛時代でな。ポンコツのトラックで連れ合いと二人で始めた。転機は一九七七年。札幌市の清掃事務所から課長以下三人が来て、町内会の集団資源回収について相談があった。町内会役員の負担が大きくて、すぐ回収を止めてしまう町内会が多いから、長続きするのに良い方法はないかと言う。それで、町内会役員の負担が少ない各戸回収という現在の方式で、やることになったわけ。それから四〇年になるが、そのときの町内会とはいまも長いお付き合いをしているよ。

その後、札幌市が集団資源回収に奨励金を交付したり(一九九一年)、びん・缶・ペットボトルの回収を始めたりと(九八年)、業界と行政に接点が増えてきた。ちょうどそのころ、問題意識を持っている回収業者が自主的な勉強会を始めて、それに参加した。一匹狼が多い回収業界がまとまるのは難しかったが、古紙・鉄くず・びんの問屋組合の後押しもあって、いまの組合ができたわけだ」

「一匹狼が多い業界」ということですが、どこか自由な雰囲気があったことも確かです。わたし自身、それがこの業界に入ったひとつの理由かもしれません。自由な雰囲気が失われる管理社会はイヤですね。一方で行政に対応するためには、一匹狼の組織化が必要です。この矛盾をどうするか? 「自由な雰囲気を失わずに組織化する」ことができたらと、夢想するわたしがいます。

組織化について言うと、二〇一二年の「国際協同組合年」の国連決議(http://www.unic.or.jp/news_press/features_backgrounders/2381/)に反映されたのが以下の考え方です。

「協同組合組織こそが、女性、若者、高齢者、障がい者、先住民族を含めたあらゆる人びとが最大限に経済社会へ参加することを促し、貧困の根絶に寄与し、より素晴らしい経済社会に貢献できるのではないか」

これを知ったのは、脱原発を掲げた城南信用金庫の吉原毅さんの著書『原発ゼロで日本経済は再生する』(角川書店、二〇一四年)です。この本で、信用金庫も協同組合であることを知りました。城南信用金庫第三代理事長・小原鐵五郎氏の言葉も紹介されています。

「銀行は利益を目的とした企業で、わたしたちは町役場の一角で生まれた、世のため、人のために尽くす社会貢献企業なのです。もともとはイギリスのマンチェスターに起源を持つ、公共的な使命を持った金融機関なのです」

わたしたちの札幌市資源リサイクル事業協同組合も、その本来の役割を果たしたいと強く思います。

小規模な地域産業が持続可能な社会を創る

Kさんは最後にこう言っていました。

「理事長を務めていたときは、決まりかけていたことがまとまらず、なかなか前に進めなかったという思いが残っている。なんとかまとまって前に進んでほしい。われわれの回収している古紙や鉄くずが減っていくことに対して、どう対処していくかが大問題。あと二～三年もすると、この問題が業界に深刻な影響を与える可能性がある。製紙メーカーも紙の生産が頭打ちになるなか、発電事業者などへ転身し始めている。

末端で働いているわれわれがいまのままでいいのか、新しい何かに取り組むのか、みんなで知恵を持ち寄る必要があると思う。おかげさまでわたし自身は、この仕事で子どもたちを育て上げることができ、孫とひ孫にも恵まれた。少子高齢化の時代だが、これからもこの仕事で、家族といっしょに食べていける業界になるよう、がんばってほしい」

いま小規模な「家族農業」が、世界的に見直されています。農薬や化学肥料を大量に投入する大規模な企業型農業ではなく、伝統的な家族農業こそ持続可能な世界を実現するという考え方です。農業に限らず、持続可能な世界のためには、小規模な地域産業が経済の主役となり、お金もモノも人も地域で循環する社会を創り出すことが必要です。そうした自律した地域社会の横の連帯が、世界の貧困問題・環境問題・平和問題の解決につながると思います。

「障がい者」と共に働くということ

みんな「障がい者」になりうる

わたしの会社で働く社員は、わたしを含めて一一人です。一九九〇年代から、「精神障がい者の社会適応訓練事業」の行政委託を受けて、三〇人以上を受け入れてきました。身近にいる障がいをもつ人たちと一緒に働くのは当たり前のことだという考えからです。「健常者と障がい者」という言い方で、両者はハッキリ違っているように思いがちです。でも、考えてみれば、そもそも「一〇〇%の健常者」なんて、なかなかいないのではないでしょうか?

わたしの自宅の横は、小学校の通学路です。毎朝、元気に登校している子どもたちを眺めていると、何かココロが和みます。二年ほど前、玄関を出て会社に行こうとしたとき、とても元気で可愛い子どもたちが目の前を通りました。思わず見惚れた瞬間、玄関のコンクリートの階段を踏みはずし、足首から「グギ!」という音がしました。即日、病院で車いすのお世話になり、一カ月ほどは杖を使い、一時的であれ「障がい者」になった身には、家にも会社にもある階段がなんとも恨めしかったことを覚えています。

わたしの母は亡くなる前、要介護四の生活が長く続き、室内でも車いすが必要でした。認知症の影響で、幻覚や妄想もありました。若いときの「健常者」も高齢になれば、「身体障がい者」になり、「精神障がい者」になるのです。

訓練生として働くことになったHさんは大学院生だったとき、将来の研究者として教授から大きな期待をかけられていました。しかし、その期待に応えようというプレッシャーとハードなスケジュールに押し潰され、一〇年近く引きこもっていたそうです。引きこもりの青年を支援する北海道立精神保健福祉センターの紹介がきっかけで、職場訓練にやってきました。

一〇年も「働く」ということをしていないと、体力も相当落ちていて、「毎朝定時に職場に通う」ことさえ困難です。彼の場合は、週に三日「通勤」して、二時間ほど職場で過ごすことから始めました。その後、本人とも相談しながら、少しずつ職場に来る回数と時間を増やしていきました。「増やしすぎたかな」と思ったときは、減らすこともあります。「行きつ戻りつ」することが必要なのです。

半年ぐらいが過ぎたとき、健常者の社員が肩を傷めて、Hさんが助手を務めることになりました。仕事を終えて帰って来たHさんに話しかけると、目に涙を浮かべて話し始めました。「『本当に助かった』と社員のOさんに言われて、僕でも人の役に立つことができたことが…」言葉が続きません。彼の思いが伝わってきて、胸に熱いものがこみあげました。

残念ながら札幌市の「精神障がい者の社会適応訓練事業」は、二〇一二年に廃止になりました。障害者自立支援法の関係で、「特定の障がいだけを支援する制度は法になじまない」ことになったそうです。この事業の訓練期間は一期六カ月で、三期一年半までの延長が認められていました。心は行きつ戻りつします。だから訓練も同じです。障がいのある人の訓練としては最も長期間の事業のひとつで、共に過ごす十分な時間を持てたことが、本人にも会社にも良い仕組みでした。それに代わる事業はなく、とても残念です。

なお、訓練ではないのですが、わたしの会社では障害者自立支援法でいうところの「就労継続支援B型」（雇用契約に基づく就労が困難なタイプ）の福祉施設に業務の一部を委託しています。

一緒に働く仲間たち

Yさんはほぼ毎日来て、小屋の中で主にボイラーや石油機器などの金属製品の解体・分解を一人で行っています。雑多な金属製品をドライバーやスパナを使って、鉄・アルミ・銅・真《しん》鍮《ちゅう》・丹入《たんにゅう》（亜鉛の合金。ガス機器などに使う）などに細かく分別する作業です。もう三年ほど続けていて、小屋の中はキチンと整理され、さながらYさんワールド。

鉄以外の金属を「非鉄金属」と呼び、その分類は再生資源の中でもかなり複雑です。たとえば同じアルミでも、「新切りサッシ」（窓のアルミサッシで、ビスなどの不純物が付いていない）、「解体サッシ」（ビスなどの不純物が付いている）、「機械アルミ」（肉厚な機械部品など）、「ガラニュウム」（鍋やフライパンなど）などに細かく分けねばなりません。

Yさんは六〇歳を越えていて、長く建築現場で働いてきました。酸素を使った溶接技術の資格も持っています。でも、IQ検査をすると点数が低く、「知的障がい者」なのだそうです。たしかに人付き合いは苦手そうです。でも、会った人は彼が障がい者だとたぶん気づかないでしょう。Yさん以上に非鉄金属の解体ができる人は、うちの会社にはいません。

この一〇年ぐらいで新たに注目されるようになった障がいが、「発達障がい」です。その多くは、「ある特定の分野に『苦手』があるだけで、それを『障がい』と呼ぶのは、いかがなものか」と疑問を呈する人もいます。

たとえば、「注意欠陥・多動性障害(ADHD)」の場合、「落ち着きがなく多動」「カギや財布をよくなくす」「片付けができない」などが特徴だそうです。そういう人は、まわりにたくさんいますよね? ADHDの傾向がある人は反面、独創的な発想をする人が多いそうです。一説には、アインシュタインやビル・ゲイツもADHDなのだとか?

Nさんは、とても挨拶が丁寧です。会社には週に二回来ます。仕事は、空きびんの選別やペットボトルのプレス梱包です。

選別は、回収してきた空きびんのキャップを取り除き、三色に分けます。白(色がついていないびん)、茶、その他(緑色が多い)の鉄製コンテナが用意されていて、そこへ投入。びんは当然割れますが、色分けされたものは、「ガラスくず」(カレット)として再利用されます。カレットは、びんを作る原料として使われるほか、北海道ではグラスウールという、ガラス繊維できた住宅用断熱材にも再生されます。

色分けは比較的容易です。ただし、「リユースびん」も混じっています。リユースびんは、「洗って何度も再使用するびん」です。一升びんやビールびんが代表格ですが、ほかにも一〇〇種類近くあり、プロでなければ見分けられません。その分別作業を、たいてい二人で行います。言葉が不自由で彼より少し障がいの重い相棒と助け合って、仕事をしています。

先日、彼のおかあさんが手紙をくれました。その手紙には感謝の言葉とともに、こう書かれていました。

「息子はアスペルガーという発達障がいをもっています。みなさんに丁寧に接してもらい、仕事にも意欲的になっています」

障がい者を戦力にした企業は持続性がある

二〇一九年現在、二名の「精神障がい者」を雇用しています。福祉事業所ではないので、彼らの賃金や社会保険料を払うためには、当然ながら彼ら自身が稼ぎを生み出さなければなりません。会社の中にはさまざまな仕事があります。それぞれの人に合った仕事やそのやり方を見つけて、きちんと稼げるようにすることが、経営者の仕事です。それは、障がいのあるなしにかかわりません。

先日、中小企業における障がい者雇用を考える講演会がありました。講演者は横浜市立大学の景山摩子弥《まこや》さん。彼によると、「障がい者を積極的に雇用し、戦力にした企業ほど、企業としての持続性がある」そうです。なぜかというと、「障がい者育成のノウハウが、会社全体の人材育成に役立つ」から。なるほど、納得！

「障がい者はゆっくり成長する。でも、成長する。その人に合った仕事のやり方に出会ったときは、健常者以上の能力を発揮する」

二〇一七年に入社したIさんは、統合失調症とADHDという二つの「障がい」があります。身体の動きが速い反面、周辺への注意力に問題があり、最初はケガが多くて心配しました。しかし、ケガをしないような工夫をした結果、体力があり、「仕事のスピードが速い」ことを生かしつつあります。

景山さんの講演には、「大企業が法定雇用率を達成しているのは、同じ障がいでも比較的軽い人を多く雇用できるから。その結果、中小企業に重い人が残される結果になる」という話もありました。中小企業にはこんな困難も付きまといます。それでも、「障がいのある人もない人も地域で共に生きる」ことを実現するためには、中小企業こそが大きな役割を果たせるはず。そして、営利を目的にした企業としてだけでなく、相互扶助を目的にした生業《なりわい》としての仕事が地域で多様に広がることが、その理想へ至る道だと思うのです。

「身体《からだ》仕事」で人も地球も健康に⁉

再生資源回収は「身体仕事」

わたしの会社は、心のバランスを崩して社会との接点を失った人たちを、「社会適応訓練生」として三〇人以上受け入れてきました（三二ページ参照）。訓練生は総じて身体のバランスも崩していて、たとえば、昼夜が逆転していたり、睡眠が浅くてよく眠れないという悩みをかかえていたりします。そのバランスを取り戻すためには、昼間に適度に疲労を感じる程度に身体を動かすことが有効です。疲れている身体は、自然に休息と睡眠を誘います。「身体仕事」で、まず肉体の健康を取り戻したうえで、健やかな精神を取り戻していくことが、近道でしょう。

再生資源回収の仕事は、いまだにと言っていいのでしょうか、「身体仕事」が基本です。トラックという機械は使うものの、それに古新聞・古雑誌やダンボールを積み込む作業は、もっぱら人手に頼っています。集めてきた古紙からビニール袋や異物を取り除き、製紙原料とするための選別作業も、人手で行っています。

朝、回収現場の町内会に到着すると、各戸の玄関前の道路には、ズラッと古新聞・古雑誌・

ダンボールが並んでいます。札幌市の場合、各戸回収が多く、高齢者でもとても出しやすいシステムですが、逆に回収には手間がかかるわけです。

トラックを止めると、右手前方に歩き、荷物を積みます。次に、左手前方の荷物、続いて左手後方の荷物。そして、最後に右手後方の荷物を積みます。この順番は、積み残しを防ぐため、そして最小限の労力で無駄なく作業を終えるために、必須の流れです。

それが終わると、運転席に戻ってトラックを一〇メートルほど前へ。そして、右前方・左前方・左後方・右後方を繰り返します。荷台に回収した古新聞・古雑誌・ダンボールがある程度たまると、今度は荷台に上がって積み荷を整理。整理が終われば、元の作業をさらに繰り返します。

まるでカタツムリのように進みながら、二トン積みトラックを満載にするまで、そうした作業を三時間ほど続けるのです。一つの荷物の重さは、一カ月分の古新聞・チラシで一二～一三キロ。ダンボールで五キロ程度。なかには雑誌・本がいっぱい詰まった二〇キロ近くのダンボール箱もありますが、女性や高齢者でも可能な作業です。実際、女性や高齢者も多く働いています。

六六歳のわたしも、月の半分ほどは現場に出て回収作業をしています。自ら現場で働いて実感していますが、六〇代半ばになれば体力の低下は自然のことです。とくに、仕事をこなすスピードが落ちますが、落ちた体力に合わせてマイペースでできれば、ほとんどの仕事は以前と変わらずにやることができます。

ちょうど、玄関から重そうに古新聞の束を外へ出している八〇代と思《おぼ》しき女性が見えました。そばまで行って手渡しで受け取ると、「ありがとう。雪のなか大変ですね、ご苦労様」という言葉が返ってきました。

家々の前に並べられた古新聞やダンボールは、三時間程度ですべてトラックに積まれて街並みはスッキリ。雑多な古紙や空きびんや鉄くずやボロをトラックに整然と積み込み、最後にシートを掛けると、ひとつの「作品」を仕上げた満足感を覚えます。心地よい疲れを味わいながら、現場を後にしました。

身体仕事の復権を――もうひとつの働き方へ

最近、資源回収の同業者が集まると、必ず話題になるのが人手不足です。とりわけ足りないのが、トラックの運転手。もちろん運転だけでなく、荷積みや持ち運びも仕事に含まれます。資源回収業界に限らず運送・配送業界は、いま深刻な人手不足です。ある大手運送会社では、「実際に違反した運転手を出頭させると、彼が免許停止になって運転できなくなり、配送業務に穴が空く。だから、別の運転手を出頭させた」という事件が起きたほどです。

先日、同業者たちとの会合で、いつものように人手不足の話題になりました。

「うちの会社には、六〇代が中心の部署がある。その人たちに聞いてみると、『適度に身体を動かすことが健康のためにいいから、働いている』と言うんだよね」

今後はますます高齢人口が増えるわけで、「今度募集するときには、それアピールポイントだね！」と一同うなずきあったものです。

農業を仕事にしたわたしの下の娘は、こう言っていました。

「隣で畑をやっているおじいちゃんが、この前亡くなったの。自宅で息を引き取ったんだって。少しずつ仕事を減らしていたけど、亡くなる少し前まで畑仕事をしていた。八五歳だったんだって！」

ピンピンコロリ、まさに理想のサヨナラの仕方かもしれません。

「肉体労働」という言葉があります。そのイメージは、どうでしょう。キツイ仕事、資本家に酷使されて肉体を切り売りする労働、しかも賃金が安い。これでは、身体を使う仕事が敬遠されるのは当たり前です。とくに、体力のある若者から現場仕事は嫌われます。

しかし一方で、農業や漁業、林業などの自然と共に働く「身体仕事」に、若者の関心が向き始めています。人は適度に身体を動かすことで、健康になります。身体を使ってひと仕事終えたときの「心の充足感」は、何物にも代えがたいですね。

自分の仕事によって周囲の人が喜び、それを感じることができれば、働きがいも生まれます。まずは、「『身体仕事』で健康に」を合言葉に、再生資源業界に働く人の仕事環境を「もうひとつの働き方」として継承できるように、ない知恵をしぼりたいと思うのです。

自然と共に働く「身体仕事」に向けられた関心は、若者だけに限りません。子どもの誕生を機会に田舎暮らしを始める人や、定年退職して「帰農」する人もいます。そこに共通するのは、「時間やお金にしばられた現在の働き方」とは違う、「もうひとつの働き方」です。それを製造業や運輸業、観光業などにも広げていくことが、未来につながるように思います。

自然と共にある社会へ

自然や身体からどんどん遠ざかったモノづくりや商《あきな》いを農的視点から見直すことで、「自然と共にある社会」を目指す。そのことで、「身体仕事」も再評価されるでしょう。

実は、「自然と共にあるモノづくり」「自然と共にある商い」は、すでに世界的に広がっています。自然エネルギーや自然素材を使ったモノづくりや、地域循環型社会を創ろうとする動きです。格差の世界的な拡大や環境問題の深刻化などは、そうした世界の取り組みを加速化するのではないでしょうか。

わたしの働く再生資源業界も、「自然と共にある業界」を目指さなければなりません。これまで再生資源というと、古紙とか鉄くずなどの工業原料を指しました。わたしがいま注目しているのは「有機性の資源」です。

そのひとつが生ごみ。わたしの家では、ダンボール箱を使って生ごみを堆肥化し、土に還しています(五二ページ参照)。その堆肥を畑に投入し、生ごみの供給者に有機農産物として循環させるのです。もうひとつは、木材や庭木です。燃料にはすぐにもできそうですが、「再生木資源」として地域に循環できないでしょうか。その先には、究極の有機性資源として糞尿（！）も。福岡県大木町では、糞尿と生ごみを原料にしたバイオガスエネルギーを利用。残った液肥は水田や小麦畑に散布して、できたお米や小麦を学校給食に使っています。

「身体仕事」は、「頭仕事」でもあります。古紙の回収で必ず繰り返す「手を使ってヒモを縛る」作業は、脳のさまざまな部分を複雑に使わなければできません。それは、子どもの脳の発達にとてもいいそうです。

そもそも直立二足歩行によって人類の脳は発達したわけですから、身体を使わないと筋力が衰えるだけではなく、脳力も衰えるのではないでしょうか。人間も自然の生態系の一員であることを意識するなかで、わたしは、「身体仕事」の復権を願っています。

わが家のごみは生態系につらなっている

「燃えるごみ」が「燃やせるごみ」へ

自治体によって呼び方が微妙に違いますが、焼却炉で燃やすごみのことを「燃えるごみ」または「燃やせるごみ」と言っています。当初は「燃えるごみ」が一般的で、高性能炉の出現によって「燃やせる」という呼び方に変更した自治体が多いようです。

プラスチックは石油製品ですから、当然「燃える」のですが、ごみ焼却炉で燃やすと、厄介な問題が発生します。塩化ビニルなどの塩素を含んでいるため、燃やすと有毒な塩化水素ガス（水に溶けると塩酸、素手でさわれば火傷《やけど》する）が発生するからです。さらに、猛毒のダイオキシン（塩素の化合物）を発生させる一番の原因物質と言われています。したがって、焼却炉を持つ自治体は、「『燃える』けれど『燃やせない』」と考えて、「燃やせないごみ」としてきました。

プラスチックを「燃やせるごみ」にすると、各種プラスチック製品に難燃剤として含まれる臭素も臭素化ダイオキシンを発生させると指摘されています。ダイオキシンが最も発生しやすい焼却温度は四〇〇～六〇〇℃（ちなみに焚き火は二五〇～三五〇℃程度）と言われ、八〇〇℃以上の高温焼却が発生抑制に有効とされてきました。しかし、「高温での焼却は有害な重金属の飛散につながる」という指摘もあります。

ダイオキシンの発生には、皮肉な歴史があります。煙突からの焼却灰の飛散が公害として問題になっていたころ、その飛散を防ぐために電気集塵機《しゅうじんき》という公害防止装置が焼却炉に取り付けられました。ところが、その電気集塵機に集まった灰から、ダイオキシンが高濃度に検出されたのです。

問題をその本質に迫らず短期的に解決しようとすると、長期的には別の新たな問題を引き起こす。それが歴史の教訓です。ごみ焼却炉のダイオキシン問題では、塩素や臭素を含むプラスチックそのものの生産や使用の規制が、長期的な解決につながるのではないでしょうか。

燃やせればいいのか？

ところが最近、「焼却炉の性能が上がった」という理由で、大都市を中心にプラスチックを「燃やせるごみ」に変更する自治体が増えてきました。世界には約二三〇〇基のごみ焼却炉があり、驚くことにそのうち一七〇〇基が日本にあります。世界中のごみ焼却炉の約七四％を占めているのです。「ごみ焼却大国・日本」であることは、あまり知られていません。

ごみの容量を減らして埋立用地の不足を補うためや、腐敗や感染症を防ぐという衛生上の理由で、日本はごみを焼却してきた歴史があります。しかし、大量の廃棄物を「焼却して終わり」

にしていた時代は過去のものです。日本の温室効果ガスの二％は、ごみ焼却炉から排出されています。いまや、気候変動を防ぐという視点からも、焼却主義を見直す時代です。北海道富良野《ふらの》市では、「燃やさない・埋めないごみ処理」を宣言しました。

生ごみを分別して集めている自治体を除くと、「燃やせるごみ」のうち一番多いのは、約四〇％を占める生ごみです。その重量の八〇％は水分です。それでも、生ごみは燃えるのでしょうか？

生ごみが焼却炉で燃えるのは、実は大量のプラスチックや紙が混入しているから。スイカの皮など水分の多いごみが増える夏場は、それでも燃えにくくなるので、重油や灯油を撒《ま》いて燃やしているそうです。

多くの自治体では、紙やプラスチックの分別資源化を住民に呼びかけています。でも、本気で呼びかけると焼却にまわる紙やプラスチックが減って、「燃やせるごみ」は生ごみばかりの「燃やせないごみ」「燃えにくいごみ」になってしまいます。

そもそも、生ごみの焼却は自然の摂理に反しています。有機物は、土に還って循環するのが自然です。にもかかわらず、行政は焼却を止めません。しかも、新しい焼却炉を建てようとさえしています。なぜなのでしょう?

焼却炉の建て替えより生ごみの資源化を

札幌市では現在、南区駒岡《こまおか》にある古くなった焼却炉を数百億円ものお金を費やして建て替えようとしています。そこで、ごみ問題に取り組んできた市民グループは、こう提案しました。

「焼却ごみの四〇%を占める生ごみの資源化を目指すべき。焼却は必要最小限にとどめ、脱焼却に舵《かじ》を切ろう」

その提案に対して、札幌市は以下のように反論しました。
①現在、市内には東部・西部・南部の三カ所にごみ焼却工場がある。市内から発生するごみを効率よく収集・運搬するためには、三カ所体制の維持が絶対必要。南部焼却炉の建て替えを止めることはできない。
②焼却工場が二カ所になった場合、一カ所でトラブルが起きれば大変なことになる。
③南部焼却工場は余熱で地域暖房や施設の給湯をしているので、なくせない。
④生ごみを利用したバイオガス施設などは、建設費が高い。
⑤堆肥化施設を造っても、堆肥を利用する農家がいない。
これに対するわたしの意見を紹介します。

①生ごみを分別収集すれば焼却ごみは大幅に減り、現在週二回行っている焼却ごみの収集回数も減らすことができる。
②札幌市に現在七炉ある焼却工場の焼却能力は、年三〇〇日の稼働で六二万トンだ。一方、二〇一七年度の焼却ごみ量は四六万トン。駒岡清掃工場を廃止しても、年三〇〇日稼働で四五万トンの焼却能力があり、一万トン減量すれば十分処理が可能。
③焼却ごみの収集効率を維持する手段としては、南部に一時保管する施設を造って圧縮梱包し、既存の二カ所の焼却工場に運んで焼却するという方法もある。
④二工場といっても、複数の焼却炉を備えており、合計五炉がある。一炉がトラブルを起こしても四炉を利用できる。
⑤余熱利用を目的にすると、そのためのごみが未来永劫必要になり、ごみの減量が進められない。自然エネルギーやバイオマスの利用を進めるべきである。
⑥生ごみ資源化施設の建設・維持費と焼却施設の建設・維持費を市民に示し、市民の意見を反映させるべき。将来を考え、多少建設費が高くても資源化施設を選ぶ市民も多いのでは。
⑦ごみ問題ではなく、循環型の地域社会をいかに創るかを目標に、農業者を中心に有機性資源の地域循環を目指す検討会を設置し、具体策を検討・実現する。
ごみ焼却をめぐるこの議論、何かに似ていると思いませんか？　わたしには、原発と自然エネルギーの議論に重なると思えてなりません。大金をかけて建設する事業では、一度建設する

と、その維持が目的になってしまいます。新たな転換に舵を切ることはできないものでしょうか。

元のごみを減らす、造った責任も取らせる

みなさんは、国や自治体が募集するパブリックコメント（パブコメ）に、意見を出したことがありますか？「行政が民主的に手続きを進めているという言い訳」とか、「出してもどうせ…」という思いが付きまといますよね。わたし自身も、これまで数回しか出した記憶がありません。

あるとき札幌市は、「スリムシティさっぽろ計画（改定版）」に対するパブコメを募集しました。この改定版はごみ減量を目的に、ごみ管理目標、重点施策、推進方策などを掲げたものです。最も重要な点は、生ごみの減量をどうするのかです。ところが、行動指針に示されたそれは、「みんなで水切りをしよう」でした（!?）。減量するより「燃えやすくする」のが目的なのかと、疑いたくなります。

焼却工場の新設については、「エネルギー供給施設として、ごみ焼却エネルギーをより効率的に回収するシステムを導入し、廃棄物発電や熱利用を推進」と謳《うた》っています。ごみ焼却炉を「エネルギー供給施設」として、本気でごみの減量ができるのでしょうか。ごみが減ったら困るのではないですか？

その懸念は現実となりました。たとえば和歌山市では、二〇一四年から分別収集していた容

器包装プラスチックを、一六年四月から新鋭の焼却炉で燃やすことにしました。市は、「容器包装プラスチックを燃やすことにより、ごみ発電の収入が一億円増える」と言っています。

もともと、ビニール袋やトレイなどの容器包装プラスチックの分別収集は、大量廃棄の代名詞でもある容器包装そのものの減量を目的にした「容器包装リサイクル法（容器包装に係る分別収集及び再商品化の促進等に関する法律）」によるものです。同法では、自治体で分別収集された容器包装プラスチックの再利用を、生産・使用する企業に義務付けました。さらに、再利用にかかる費用を当該企業に負担させて、容器包装の簡素化・削減につなげようとしています。ただし、ドイツなどでは回収してリサイクルする費用の全額を企業負担にしていますが、日本では企業負担が三割にも及びません。そのため、容器包装の簡素化・削減につながっていないのが現状です。

残念ですが、焼却してしまえば企業負担はゼロになり、容器包装ごみの減量など到底おぼつかなくなるでしょう。

新たな動き、新しい考え方に注目！

京都市では、日本の大都市では初めて、「燃やせるごみ」を「燃やさない施設」を建設中です。生ごみや紙ごみを発酵させてバイオガスを発生させ、そのガスでバイオガス発電をする施設です（二〇一九年稼働予定）。なぜ、京都市はこの施設の建設を決めたのか。

一つの理由は、温室効果ガスの削減を決めた京都議定書のご当地だったことです。そして、もう一つの大きな理由は、プラスチックや紙のリサイクルをこのまま進めていけば、やがて生ごみが燃えなくなることです。

世界に目を向けると、お隣の韓国ソウル市では、生ごみ専用の回収袋(有料制、黄色)で、ほぼ一〇〇%の生ごみ資源化を達成していると聞きます。また、大量消費の代名詞のようなアメリカのニューヨーク市は、二〇一六年までに全市に生ごみの分別を義務付けて資源化すると宣言しました。

ところでパブコメ。ある議員から「パブコメで意見がたくさん集まると、議会で問題を取り上げることができるんです」と聞きました。「どうせ出しても」という諦めが頭をよぎるのですが、「それなら出そう」と思いました。時代感覚とでもいうのか、政府・行政に「一人ひとりが意思表示」をすることが、日増しに重要になっている気がします。

また、「生ごみの燃却は自然の摂理に反する」と書きましたが、生物多様性をめぐるフォーラムのフリートークに参加し、改めて考える機会を得ました。

生物多様性などと言うと、なかなか難しそうですが、要は「わたしたちのまわりには生命がいっぱい」ということ。札幌のような都会に住んでいると、周囲はアスファルトとコンクリートなどの人工物ばかりで、生物多様性とはまるで無縁な暮らしのようにも感じられます。「絶滅危惧種」と聞かされても、ニュースの一つとしては理解できても、どこか遠い存在であることは否めません。しかし一方で、多様な生物なくして、人間は生きることができません。わたしたちが毎日食べているものは、そう！　すべて生物。まさに、「（命を）いただきます」の世界です。

さらに見方をちょっと変えると、都会に住んでいるわたしたちも、「たくさんの命に囲まれて生きている」ことが分かります。わが家では、生ごみだけを分別して、台所の隅に置いてあるダンボール箱に投入します。その中には、もみがら燻炭《くんたん》とピートモス（植物が腐食化した泥炭を脱水・粉砕したもの）が入っていて、投入された生ごみはそれらとよく混ぜ合わされます。生ごみの投入を始めてから二週間ぐらいすると、ダンボール箱の中は土のような香りがしてきて、温度は三〇℃ほどに。微生物が盛んに生ごみを分解して発酵が進んでいるのです。

空気一㎥中には一万匹、土一グラム中にはなんと一〇〇万匹の微生物が生きているというから驚きです。外の世界だけではありません。わたしたちの体の中には三〇〇種類の腸内微生物が棲んでいて、消化を助けています。その数は一〇〇兆匹（！）という宇宙的数字。ほんとうに「命に囲まれて生きているんだな」と実感します。

そして、ここまでくると、「わたしという存在はわたしだけのものではないのだな」と思えてきたりします。自然の生態系というつながりのなかで、「生かされている」と感じるのです。

フォーラムでは、大規模開発による森林の喪失、過剰な漁獲、多国籍企業による遺伝子支配、多様性を守る先住民族、国際条約をめぐる問題など、多岐にわたった課題が提起されました。

それらの課題と、発熱するわが家の生ごみが、どこかでつながっていることを実感したフォーラムでした。

「自然に学ぶ」ことが、ごみ処理にも問われているのです。

プラスチックのない世界

二〇一六年七月、フランスでは法律でレジ袋の配布が全面禁止されました。それに続いて、二〇二〇年一月からプラスチック製の使い捨てカップや皿、スプーンやナイフの使用も生分解性プラスチックを除いて全面禁止される法律が、世界で初めて制定されました。プラスチックの使用を減らすことで気候変動を防ぐためです。

その背景には、二〇一五年一二月に合意されたCOP21（第二一回気候変動枠組条約締約国会議）のパリ協定があります。世界第一位と第二位の排出国である中国とアメリカが初めて加わった画期的なこの合意では、二〇五〇年に温室効果ガスの排出をゼロにすることが決められました（その後アメリカはトランプ大統領が誕生し、一七年にパリ協定から離脱）。

みなさんは、「プラスチックスープの海」という言葉を知っていますか？　チャールズ・モアらによる同名の本（海輪由香子訳、NHK出版、二〇一二年）で広く知られるようになりました。世界の海はいま、表層から深海まで、流れ込んだ大量のプラスチックごみによって汚染されています。なかでも、マイクロプラスチックという五ミリ以下の微細なプラスチックが広範囲に

海を漂っていて、まるで「プラスチックのスープ」のようだと言われています（一五三ページ参照）。

プラスチックは紫外線にあたると劣化して、ボロボロに砕けます。しかし、いくら細かくなっても、分解して自然に戻ることはありません。海岸でよく見かけるペットボトルやビニール袋だけが、海に流れ込むプラスチックではありません。

たとえば、化粧品やボディソープに、古い皮膚や汚れをよく落とすといった理由で添加されているスクラブ剤は、実は細かいプラスチックの粒子です。それが下水道に流されて川へ、そして海に大量に流れ込んでいます。さらに、洗濯をするとポリエステルなどの合成繊維の衣類から微細な繊維が剥がれ落ち、それらも海へ流れ込んでいます。綿などの天然繊維からも剥がれ落ちますが、こちらは生態系のなかで分解されるので大丈夫なのです。

この原稿を書いているわたしの家にも、プラスチックはたくさんあります。パソコンもプラスチックでできているし、目の前にある毛布も合成繊維であるアクリルで作られています。普通の生活をしていれば、ごみ箱にはプラスチック製の容器や包装材があふれるはずです。「プラスチックのない世界」とは、どんな世界なのでしょうか？

トウモロコシなどが由来の生分解性プラスチックにしても、大量に使うようになれば、いろいろ問題がありそうです。実際、いま出回っている生分解性プラスチックは海中などではほとんど分解されないとも言われていて、国連環境計画（UNEP）は「現実的な解決方法にならない」という見解を示しています。

ひとつだけ言えるのは、プラスチックのない世界は大量生産・大量消費による使い捨て社会ではなくなるということです。そうなれば、お金を稼ぐのに忙しく、モノを消費するのに忙しい現在の暮らしから、抜け出すことができるかもしれません。

天ぷら油のリサイクルが教えてくれた

小さな石けん工場

町内会などの地域団体が行う集団資源回収品目の一つとして、わたしの会社では使用済みの天ぷら油を回収しています。なかには、使われずに何年もしまわれたままになっていた贈答品もあります。未開封でも、プラボトル入りで一年、缶入りでも二年で酸化するので利用できなくなるのですが、モッタイナイかぎりです。

保育園や学校からも含めて、一カ月に八〇〇〜一四〇〇リットルの天ぷら油が集まります。それを二〇〇リットル入りのドラム缶に詰めて保管。一カ月に一回トラックに積み込んで、札幌から約一時間かかる小樽の小さな石けん工場まで運びます。

天ぷら油を運ぶ日は、なぜか雨や雪の日が多いのです。

「いやー、東さんが来る日はいつも雨だね」

石けん工場の社長兼職人のMさんは、いつも笑いながら迎えてくれます。

重さ二〇〇キロにもなるドラム缶をトラックの荷台から降ろすには、荷台の後部に付いているパワーゲートという機械を使います。ただし、荷台の前方からパワーゲートまで移動させるのは人力です。水道の配管などに使う大きなパイプレンチをドラム缶の縁に噛ませ、レバーを握って左右に振ると、二〇〇キロでも少しずつ一人で動かすことができます。そして、積み込む時に使ったパレットと荷台との一五センチくらいの段差を利用して、ドラム缶を少しだけ傾けます。その角度が微妙で、傾けすぎてもダメ、傾けが足りなくてもダメ。ちょうど重さを感じない角度で受けとめねばなりません。

その角度を保ったまま、ドラム缶を両手で回して移動します。倒れて足の甲にでも落とせば大ケガをするので、緊張の一瞬です。こうした作業は、慣れないうちは慎重に行いますが、慣れると注意力が疎《おろそ》かになりがちです。毎回その点をかみしめながら、作業しています。

緊張の荷降ろし作業が終わると、工場のそばにある自宅兼事務所で一服です。

「東さん景気はどうなの？」から始まって、お茶をすすりながら四方山《よもやま》話に花が咲きます。そのうちお連れ合いが、「これサー、わたしが編んだ毛糸の靴下なんだけど、東さんに合うかな」と、何足もの手編みの靴下を出してきました。

「うれしい！　冬はこれだよね」と言いながら、ありがたく頂戴したりして、楽しい会話が続くのです。先々代が始めたこの小さなリサイクル石けん工場は坂の上にあり、いまはMさんの息子さんが遺志を継いでいます。

運ばれた使用済みの天ぷら油は、まずお湯で洗浄。続いて大きな反応釜に注いで、そこに苛《か》性《せい》ソーダを入れます。その混合液を温めながら、鹸化《けんか》という反応を待つのです。鹸化の進み具合は、季節や温度・湿度によって微妙に変化します。

ひと口に油といっても、大豆油・菜種油・米油などいろいろな種類があり、さらに天ぷら油の使い方によって不純物の混ざり具合もさまざまです。この工場では、油に混じった不純物を取り除くために、苛性ソーダを加えた塩析法《えんせきほう》という技術を使います。異なった条件から、一定の品質の石けんを作るには、習熟した職人技が欠かせません。

鹸化した「石けんの卵」は金属製のバットに移され、さらに熟成・乾燥させます。熟し具合を診るために舐《な》めることもあります。ピリピリした感じが残れば、熟成が足りない証拠です。ほどよく熟した石けんは粉砕機《ふんさいき》にかけられ、洗濯用の粉石けんの完成。一袋ずつ手作業によって袋詰めしていますが、細かい石けんの粉が鼻に入るとクシャミを連発することになります。

石油由来の合成洗剤ではなく天然石けん

みなさんは、洗濯や食器洗いや掃除に使う洗剤には、石油から作る合成洗剤と天然油脂から作る石けんがあることを知っていますか? 合成洗剤にはさまざまな化学物質が含まれていて、皮膚を通した経皮障害を引き起こしたり、排水として河川に流れ込んだときに生態系に害を及ぼすことが知られています。

一九七〇年代末、琵琶湖の水質汚染が合成洗剤によることが明らかになり、「合成洗剤ではなく自然原料の石けんを使おう！」という市民運動が起きました。その運動のなかで、琵琶湖の地元の滋賀県環境生活協同組合（現・NPO法人碧いびわ湖）と水俣病患者支援団体によって設立されたのが、「リサイクルせっけん協会」です。

北海道でも、植物学者の故・鮫島和子さんを中心に、石けんの製造業者や販売事業者、消費者によって、「リサイクルせっけん協会北海道」が誕生しました。わたしの会社もその会員です。また、リサイクルせっけん協会が開発した石けん製造のためのミニプラント「ザイフェ」（ドイツ語で石けんという意味）の北海道地区販売代理店にもなっています。

しかし、大手合成洗剤メーカーの巻き返しはしたたかでした。合成化学物質を含むにもかかわらず、「（主に）植物性原料」という表示をしたり、「柔らかい白い洗濯もの」というイメージ広告を大量に流して、合成洗剤の負のイメージからの脱却に成功していきます。その結果、環境汚染の少ない本来の石けんの販売量は減り続け、使用済みの天ぷら油が余るようになりました。

そんな折、二酸化炭素の過剰な排出による地球温暖化の防止と、食と自然エネルギーの地産地消による持続可能な資源循環型社会の形成を掲げて、一九九〇年代末にリサイクルせっけん協会が提唱したのが、「菜の花プロジェクト」です。

廃油でバイオディーゼルエンジンを動かす

菜の花プロジェクトでは、菜の花を植えて菜種《なたね》を収穫し、菜種油に加工します。使用後の菜種油は回収して、畑を耕すトラクターやトラックのディーゼルエンジンの燃料として使います。農業とエネルギーの地域循環を目指した意欲的な取り組みとして、注目を浴びました。

わたしの会社もその動きを知ることになります。そして、北海道でSVO（ストレート・ヴェジタブル・オイル）システムを提案する会社と出会いました。天ぷら油を車の燃料として使うことは、実は古くて新しい試みです。一八九二年にルドルフ・ディーゼルによって発明されたディーゼルエンジンは、最初は植物油によって動かされたと言われています。したがって、天ぷら油で車を動かすことは、いわば原点回帰です。

わたしの会社では、その原点であるSVOシステムを資源回収用トラックにまず導入しました。回収してきた油を濾すだけでそのまま再利用する、ストレート燃料方式です。一般のバイオディーゼル燃料は、油にアルコールを加えて反応させて作ります。わたしは乗用車もディーゼルエンジン使用に乗り換えて、二〇〇六年にSVOシステムを積載しました。

ちょうどそのころ、リサイクルせっけん協会の海外スタディツアーに参加してタイに行き、さらに大きな刺激を受けます。

畏るべし！　民衆知――タイで考えたこと

自然エネルギーをテーマに、タイのＮＧＯと連携して開催された国際会議には、首都バンコクだけでなく、自然エネルギーだけでもなく、タイ全土からさまざまな人たちが集まりました。こうした会議を開くとき、タイには日本と大きく違う慣習があります。それは、全参加者の交通費・宿泊費・食事代、そのほか参加に関わる費用すべてを主催者が負担するということです。講師の分だけなら日本でも同様ですが、参加者全員の分を負担するといいます。

会議の報告はパソコンを使ったプレゼンテーションが多かったのですが、なかにはこんな人たちもいました。

一人は海岸沿いの村に住み、石油化学工場などによる公害に反対している人。タイには、伝統的に民衆の間に伝えられている知恵――「民衆知」があるのだそうです。彼はその民衆知に助けられて、魚と話す術を体得し、魚との話を公害反対運動に役立てているとのこと。魚との会話は完全にマスターしたので、今度はネコとの会話に挑戦しているそうです(！)。

もう一人は、バイオディーゼル燃料を作っているおじさん。ペットボトルに油とアルコールを入れ、振って燃料を作っていると言います。リサイクルせっけん協会の参加者とのやり取りを紹介しましょう。

「それで本当に大丈夫なのか？」

「自分のクルマに使っているが、トラブルはまったくない」

「ドイツに行ってバイオディーゼル燃料について調べたが、その普及には品質規格が重要だと思う。日本では反応装置を使って品質の向上を目指している」

「タイには民衆知がある。お金をかけずに身のまわりにあるものを利用して工夫する。伝統的な知恵だ。それで十分。ノープロブレムだ」

「タイの民衆知の勝ち！」とわたしは思いました。

天ぷら油でクルマを動かすのは正しいのか

そのツアーから帰ってしばらく過ぎたある日、業務無線で連絡がありました。

「社長、トラックのエンジンが止まってしまいました！」

そこで、長年の付き合いの修理工場にトラックを持っていくと、「カーボンが固着してピストンが動かなくなっている。エンジンをオーバーホールするか換えるしかない」とのことでした。

その修理工場の社長は、ＳＶＯシステムを「良いことだね」と感心していた人です。にもかかわらず、その欠点が現実のものとなってしまいました。それでも、回収した天ぷら油を濾過《ろか》するやり方を変えて、もう一度挑戦。ところが、自家用車に使っていたディーゼルエンジンも同じように故障するに至り、とうとう諦めました。

「北海道のような寒冷地では、タイの民衆知は通用しない」

天ぷら油とアルコールを反応させたバイオディーゼル燃料を使用した時期もありましたが、これは税制上の煩わしさがあり、使い続けるべきか迷いました。そんなころです。Mさんの石けん工場で、原料の天ぷら油が思うように手に入りにくくなりました。「天ぷら油をディーゼルエンジンの燃料に」という動きが急速に広まったからです。

廃食油をごみ収集車の燃料に使うなど、天ぷら油の回収に札幌市が乗り出したこともあって、うちの会社でも回収量の確保が困難になりました。

あるとき、小樽の石けん工場で天ぷら油がどうしても足りなくなり、リサイクルせっけん協会北海道の仲間に呼びかけて、在庫に余裕がある生産者を探しました。ようやく見つけた油は、小樽から約二〇〇キロ離れた留萌《るもい》市にありました。Mさんと二人で丸一日かけて往復しました。その後、うちの会社ではバイオディーゼル燃料の使用を中止。回収した油のすべてを石けん原料の供給に振り向けました。

そもそも、クルマの燃料を植物資源に代替することには無理があります。食用になる作物を工業用の燃料にすると、本来の「食べること」が危うくなるからです。十分な食べものが手に入らない人がいるのに、バイオ燃料の原料としてトウモロコシが栽培されて売買されるのは、おかしいと思いませんか。

それは、天ぷら油のディーゼル燃料への使用でも同様です。わたしたちが考えるべきことはむしろ、「クルマをこれほど使う社会は持続可能なのか?」でしょう。天ぷら油のリサイクル経験は、そのことをわたしに教えてくれました。

残念ながら、小樽の石けん工場は二〇一八年二月に閉鎖されました。理由は、液体石けんの開発に失敗したからです。一九九〇年代半ばごろから全自動洗濯機が普及し、かつての二層式洗濯機を見ることはほとんどなくなりました。それにともなって、洗濯用石けんの主流は粉から液体に変わっていきます(実際は粉でもお湯に溶かして使えますが、面倒と思われがち)。小樽の小さな石けん工場は洗浄力で優れる粉石けんにこだわってきたのですが、取引先の要望もあり、液体石けんの開発に取り組みました。しかし、なかなか満足のいくものができず、粉の売り上げも低迷して廃業を決意したのです。

このことを通じてわたしがもうひとつ教えてもらったのは、「便利さ」を追い求めていくと、失うものもあるということです。小さな営みとして成立していた天ぷら油の地域循環と地域の生業《なりわい》が、全自動洗濯機による手軽な洗濯という便利さのなかで失われたことは、いまも心に重く残っています。

紙のリサイクルも持続可能な地域循環型にしたい

新聞は新聞紙に、雑誌は主にダンボールの中芯に

札幌市では二〇〇九年に実施されたごみ有料化に合わせて、「雑がみ」という新たな分別区分を設けました。「雑がみ」と言っても、一般には耳慣れない言葉です。まず、紙のリサイクル全体について説明しましょう。

家庭から古紙として回収・リサイクルされる紙類は、「新聞」「雑誌」「ダンボール」「紙パック」の四品目です。なぜ四種類に分けるかというと、同じ古紙でも品目によって再生される用途が違うからです。

「新聞」は、主に新聞紙に再生されます。ここでいう「新聞」には、チラシやコピー用紙も含まれます。紙はもともと木や草から作られ、草木から紙の原料として取り出される繊維をパルプと呼びます。新聞紙は、回収された新聞古紙とパルプを混ぜて作られます。

回収された新聞古紙一〇〇％でも再生できますが、現在は新聞古紙七〇％・パルプ三〇％という配合が一般的です。パルプを混ぜるのは、リサイクルを繰り返すと繊維がだんだん短くな

って紙の強度が弱くなるため。パルプを混ぜることで、紙の強度が保たれます。新聞のリサイクルは、何度でも繰り返すことのできる「持続可能なリサイクル」です。

リサイクルには、「持続可能ではないリサイクル」もあります。ペットボトルは、ペットボトルにリサイクルできますが、その比率は回収されたペットボトルのわずか二五％程度（二〇一七年）。残りはシートや繊維製品になり、最終的には焼却されるからです。現在のようにペットボトルを大量に使い続けることは、マイクロプラスチックの海洋汚染も含めて問題があると思います。

「雑誌」は、週刊誌や月刊誌だけではありません。書籍・カタログ・教科書なども含まれます。これらは主に、ダンボールの中芯《なかしん》に再生されます。ダンボールは、表と裏のライナーと呼ばれる層と、それに挟まれた段々に波打つ層の三層で構成され、その段々の層が中芯です。ダンボールの表層を剥がしてみれば、ライナーの部分より粗い紙質になっているのが分かるでしょう。

ホッチキス止めされている週刊誌やパンフレットは、新聞紙の原料になるものもあります。ホッチキスは金属ですから、本来は取り除く必要がありますが、現在は付いたまま回収されています。どこで取り除かれるかというと、製紙工場の中です。

回収された古紙は、すべていったん水を加えてドロドロに溶かされます。紙を水に浸し、糊を加えて煮ると、ドロドロの紙粘土になりますが、それと同じです。製紙工場では、紙の繊維が溶けたドロドロの液体から異物を取り除くために、細かいスクリーン網に通します。そこでホッチキスの針が取り除かれるのです。

一方、背糊が付いた雑誌は、「ホットメルト」と呼ばれる合成樹脂によって接着されています。ドロドロに溶かされた後に、この樹脂成分を取り除くのは、容易ではありません。これが残っていると、完成した紙にシミや斑点が出てしまいます。

中芯のように隠れる部分に使う場合は問題ありませんが、新聞紙のように印刷して読む場合は品質的に問題です。多少のシミは気にしないのであれば、それはそれでいいのかもしれません。でも、とりわけ品質に厳しい日本では問題になります。最近は、製紙工程で取り除くのが容易なホットメルトも開発されているようです。

ダンボールで分かる再生資源輸出国ニッポン

「ダンボール」は、またダンボールに再生されます。ダンボールは約一五〇年前に開発されました。イギリスでシルクハットの形を整えるために、その内側に厚紙を貼り付けたのが起源とされています。その後、電球の包装材として大量に使われるようになり、現在に至っています。日本では約一〇〇年前に生産が始まり、古紙リサイクルの先駆けになりました。

二〇一八年の古紙回収率は八一％です。これは、国内で製紙原料として消費された古紙の量に対する回収量を表しています。一方ダンボールの場合、一八年の消費量（生産量）は九七六万トン、回収量は一一〇〇万トン。すなわち、回収率は一一二%です。なぜ、一〇〇%を超えるのでしょうか?

衣料品の輸入割合は九六%です。中国やバングラデシュなどから輸入される衣料品のほとんどは、ダンボール箱に入っています。つまり、衣料品とともにダンボールも輸入されているわけです。そのダンボールのほとんどは、中国をはじめとする海外で生産されています。国内産のダンボールに加えて、海外から包装材として輸入されるダンボールも古紙として回収されるので、回収量は国内生産量より大幅に増えるのです。

輸入ダンボール量は一二四万トンに及びます。つまり、回収されたダンボール古紙のうち一二四万トンは、国内でリサイクルされているとは言えないのです。

「資源のない国」と言われる日本は現在、「再生資源の輸出国」になっています。国内でリサイクルしきれないダンボール古紙は、中国を中心に輸出してきましたが、最近では韓国や台湾に加えてベトナムやタイなどにも輸出先は広がっています。二〇一八年のダンボール古紙の輸出量は一六九万トンです。経済・物流のグローバル化によって、リサイクルのグローバル化も進んでいます。

わたしの会社では、家庭や事業所から毎日ダンボールを回収しています。リサイクルのグローバル化は、ダンボール回収の現場に何をもたらしたでしょうか?

二〇一四~一八年の公表された「古紙価格統計」を見ると、ダンボール古紙の国内製紙メーカー購入価格は、一キロあたり三円ほどの増減幅で推移しています。これに対して輸出価格は変動が激しく、一キロあたり一〇円以上の騰落を繰り返しています。地域で回収を続けるためには古紙価格の安定が最も望まれますが、リサイクルのグローバル化は市場に不安定化をもたらしました。

回収率が低い紙パック

「紙パック」は、主にトイレットペーパーやティッシュペーパーの原料になります。北海道では倶知安《くっちゃん》町にその工場があるので、「地材地消」の地域循環が可能です。わたしの会社は一九八五年に北海道で最初に、紙パックの回収を始めました。紙パックはほぼ針葉樹を原料とする天然パルプ一〇〇％で製造されていて、紙としては非常に良質です。

ただし、古紙再生までの工程が他の紙より複雑なため、再生原料として使用する製紙工場は限られています。また、回収時には特別な作業が必要です。飲み終わった牛乳などの紙パックを洗い、開いて、乾かさなければなりません。腐敗臭などが問題になるからです。したがって、回収率は三割程度と他の古紙をかなり下回っています。

さらに、紙パックのリサイクルに特有の問題があります。新聞紙やダンボールは、意識しないでもその再生品を使っていますが、紙パックの場合は、意識してその再生品であるトイレットペーパーやティッシュペーパーを選ばないと、リサイクルの輪が途切れてしまうのです。

トイレットペーパーやティッシュペーパーには、天然パルプ一〇〇％の製品も数多くあります。「ふんわり柔らか、天然パルプ一〇〇％のトイレットペーパー」などと謳われ、スーパーの安売りの目玉商品として販売されているのをよく見かけるのではないでしょうか。最近では、大手量販店などで輸入品の販売も少なくありません。ティッシュペーパーの二五％、トイレットペーパーの六％程度が輸入品です。国内メーカーの出荷量は、目立って減りました。

日本家庭紙工業会では、国内生産品であることをアピールするために、折り鶴に「日本製」と表記したマークを二〇一六年一一月に制定しました。生産が減少すれば、製紙会社は国内にある工場を閉鎖せざるを得ません。その結果、地域循環システムが壊れ、紙パックはごみ化し、雇用は失われ、地域経済の衰退が懸念されます。

農林水産物の地産地消と同時に、リサイクルも地域循環型になる必要がありそうです。

雑がみ収集の現場事情

さて、冒頭に書いた「雑がみ」にようやくたどり着きました。「雑がみ」とは、前述した四品目以外の紙類。多い順に挙げると、紙箱、紙袋、紙芯、封筒、はがきです。

雑がみのリサイクルについては、面倒なことがあります。それは、すべての紙がリサイクルできるわけではないということ。

回収後の選別を人手で行うため、食べものや汚物などで汚れた紙は衛生上ダメです。また、特殊加工された紙は、一部メーカーを除いて混ぜてはいけない禁忌品とされています。たとえば銀紙は、紙と金属箔の複合品です。紙コップやカップ麺容器は、防水ワックスがコーティングされています。缶ビールのセット売りなどに使われているマルチパック紙も防水加工が施されていて、再生が難しい紙のひとつです。

合成洗剤や線香の紙箱は、香り成分が非常に強く添加されている関係で、紙に匂いが移ります。製紙工場で水に溶かしても匂いが消えず、再生紙にも残ると言われています。

これらの紙は、いずれもリサイクルが困難です。

ところが、札幌市は汚れていないすべての紙を雑がみの対象にしました。理由は、収集の目的が「リサイクルではなく、ごみの減量」だったからです。札幌市は、リサイクルできる紙と、リサイクルは無理なので固形燃料として燃やす紙を、ゴチャ混ぜにして集めています。とりあえずすべての紙を集めれば、焼却炉で燃やす量が減ると考えたわけです。リサイクルできない紙は固形燃料にしても結局、燃やすのに変わりないのですが……。

ゴチャ混ぜの紙類の選別には、気の遠くなるような手作業が必要になりました。さらに悪いことに、同じ紙でも、燃やせるごみに出せば有料、雑がみに出せば無料です。しかも、普通のごみ袋に入れて出せばよいので、排出者のモラルの問題もありますが、生ごみなどが混じりやすいシステムになっているのです。予想どおり、生ごみにまみれた「臭う紙」が大量に集まってきました。

「こんな仕事するもんじゃないよ。この前はカラスの死骸が入っていたよ。人間のする仕事じゃないよ」

長年、古紙の選別作業をしてきた女性は作業の手を休めず、吐き捨てるように話しました。

雑がみは中国南部へ

ごみ有料化とともに始まった札幌市の雑がみ収集。その後、新たな問題が持ち上がりました。それまでは、選別された雑がみは北海道内の製紙工場でトイレットペーパーやダンボールの中芯、あるいは新聞紙に再生されていました。ところが、「国内の製紙工場で再生すること」という条件を札幌市は廃止し、一般競争入札にかけたのです。その結果、二〇一五年に落札された雑がみは、数千キロ彼方の中国南部にある寧波《ニンポー》市にまで運ばれました（一七年からは中国政府による古紙輸入制限政策が発動され、ベトナムへ）。

輸出先の製紙工場は、中国最大の白板紙（紙箱などに使うボール紙）生産工場だそうです。生産能力は年産一五〇〇万トン。新聞用紙生産工場としては世界最大の王子製紙苫小牧工場の一・五倍という巨大工場です。

この製紙工場について調べてみると、インドネシアに本社がある製紙会社ＡＰＰ（アジア・パルプ・アンド・ペーパー）でした。さらに調べると、インドネシアではＡＰＰによる熱帯雨林の伐採が問題になっていたのです。国際自然保護連合は、ＡＰＰが違法伐採による熱帯雨林材の使用を止めるまで同社製品のボイコットを呼びかけました。そのことを札幌市の担当者に伝えると、「調べてみます」という返答の後、しばらくして帰ってきた回答は「政府が問題にしていないので」でした。

公開された落札価格は、一キロあたり八〜一〇円（二〇一五年）。それまでは、前述した倶知安町の製紙会社が二・五円で落札していました。価格だけを見れば、高値の落札は市民にとって良いことのように思えます。しかし、とりあえず分別収集に出された雑がみは、それだけでは製紙原料になりません。原料にできない紙類が混じっているからです。収集後の選別には、一キロあたり約二六円かかっています。結局、税金の大幅な海外持ち出しなのです。その行き先について、意見を言う権利が市民には当然あります。

一九七〇年代の石油ショックのとき、トイレットペーパーの価格が暴騰して店頭から姿を消しました。東日本大震災のときにも、トイレットペーパーが不足して困った経験があります。そうした教訓に学ぶなら、必需品であるトイレットペーパーの原料を市内で供給・再生し、一定量を確保しておくことが、市民の生活を守る自治体の役割ではないのでしょうか？　目先の利益より、長い目で見た利益の優先が大事です。

使い捨てを止めて気候変動を防ぐ

相次ぐ台風災害

二〇一六年の夏の終わり、北海道では気候変動を否《いや》が応《おう》にも実感させられる出来事がありました。八月一七日の七号を皮切りに、二一日に一一号、二三日に九号、そして三〇日に一〇号と、立て続けに台風が上陸したのです。

北海道に上陸した台風の記録を調べてみると、一九五〇年代は四、六〇年代は五、七〇年代と八〇年代は一、九〇年代は五、二〇〇〇年代は四。そして、一〇年代はゼロだったのが、わずか一カ月でいきなり四！　一〇年分が一度に押し寄せ、暴風雨による川の氾濫や土砂崩れによる大きな被害が発生しました。とくに被害が大きかった十勝地方と札幌を結ぶ石勝《せきしょう》線と根室本線（新得〜芽室間）は四カ月も不通になり、橋の落下などで甚大な被害を受けた国道は復旧に一年以上を要しました。

わたしの下の娘とそのパートナーは、北海道南部の太平洋側にある伊達《だて》市でビニールハウスのトマト栽培を中心とした農業を始めて三年目。台風の進路に当たっていたので、気になって電話をすると、明るい声が返ってきました。

「たいしたことないから大丈夫だよ。もっと酷《ひど》いところ、いっぱいあるから」

それでも心配だったので、様子を見に行きました。途中、洞爺湖の湖畔の道を通ると、大木が強風で倒されていて、倒壊したハウスも目につきます。幸い伊達市は、市内を流れる長流川《おさる》が氾濫することもなく、大きな被害は免れたようです。

それでも、娘たちの農場に着くと、ハウスの支柱が歪み、引き裂かれたビニールから吹き込んだ強い風で、収穫間際のトマトの一部がなぎ倒されていました。被害を免れたトマトの収穫は、休むわけにはいきません。一方で、ハウスを修復しなければ、次の風雨で大きな被害が予想されます。一年で一番忙しいトマトの収穫作業に追われて、本来なら出荷先によって選別しなければならないトマトが山積みになっていました。帰りに三〇〇キロほどの未選別トマトを持ち帰り、札幌の友人たちに買ってもらいました。

北海道でみかん⁉

札幌のスーパーの魚売り場には、以前はなかった「北海道産の魚」が並んでいます。鮭の切り身やホッケの開きなど定番ものの隣に、常時並ぶようになった魚がブリです。

ブリと言えば温暖な本州の南の海域でよく獲れる魚で、北海道の食卓にはめったに登場しません。多くは照り焼き用に加工されています。北海道人には馴染みが薄く、ホッケなどよりずっと安いのに、あまり売れないようです。ブリが大量に漁獲されるようになったのは最近で、主な理由は、海水温の上昇です。積丹《しゃこたん》半島の漁協に勤める友人は、困惑気味でした。

「ブリはイカを餌にしている。ブリの群れが寄ってくると、本命のイカが寄らなくなって困るんだよね。道内ではブリはあまり売れないし、本州に送るには運賃がかかる。ブリだったらいつでもあるから、おいで」

また、やはり温暖化の影響なのでしょうか、北海道産の米が質量ともに本州産に匹敵するようになっています。市民団体が主催した学習会で、温暖化が進んだ場合、近い将来に北海道の農産物がどういう影響を受けるか聞く機会がありました。それによると、米の生産量が伸びる一方で、北海道の冷涼な気候に適した小麦・ジャガイモ・ビートなどには、品質・生産量ともにマイナスの影響が出るようです。驚いたのは、農業試験場でみかん栽培の研究をしているという話でした。北海道でみかん⁉　ちょっと考えられません。

日本では、CO_2（二酸化炭素）やメタンなどを含む温室効果ガスによる気象への影響を「地球温暖化」と言うのが一般的ですが、海外では「気候変動」と言うことが多いようです。北海道に住んでいると、「温暖化というのは、暖かくなることだろ。冬が短くなり、大変な雪かきも減るなら、いいんじゃないの？」という感覚がどうしてもあります。

でも、単純に暖かくなるわけではありません。二〇一六年夏の大型台風を見れば、「いいんじゃないの」と言ってはいられません。ラジオ番組で、温室効果ガスの専門家がこう話していました。

「単純に温暖化すると誤解されているようだが、気候の変動がいま以上に激しくなると理解してほしい。正確には、温室効果ガスによって大気中に太陽エネルギーが大量に溜まる状態になっているということ。それが気候に爆発的な影響を与えると懸念されている。経験したことのない強力な台風、干ばつや大雨、また極端な寒気や大雪という場合もある。とくに、農産物の生産が不安定になり、世界的な危機を招くことが懸念される」

それを聞いて納得！　やはり、気候変動と呼ぶのが正しいと思います。

「原発か化石燃料か」ではなく「脱原発&脱化石燃料」

ただし、「原発は温室効果ガスを出さない。気候変動を防ぐことができる」と言われると、「ちょっと待てよ」という疑念がムクムクと首をもたげます。脱原発&脱化石燃料＝自然エネルギーという公式は、ドイツなどヨーロッパの国々では常識ですが、日本では常識になっていません。日本では、「原発と化石燃料のどちらを選ぶのか？」となりがち。

でも、これは設問自体が間違っているので、「脱原発&脱化石燃料＝自然エネルギー」と答えればいいのです。もし、どうしてもどちらかを選ばねばならないところに追い込まれたら、わたしは原子力より化石燃料を選びます。当面は化石燃料を使いながら、それを少しずつ減らして自然エネルギーに転換していくという選択肢があると思うからです。

原発の使い道は、電気だけですよね。日本で使われている石油・石炭・天然ガスのうち、発電に使われているのは約三分の一。残りの三分の二は、車や飛行機や船の燃料、暖房や炊事の熱源、鉄鋼や紙パルプなどの工業燃料、プラスチックの原料として使われています。

気候変動を防ぐためには、これらも減らさなければなりません。家庭からの二酸化炭素排出量を見ると、北海道が断トツに多いことが分かります。理由は冬の暖房です。

わが家も石油ストーブを使っています。薪ストーブやペレット（木材を加工した固形燃料）ストーブを検討しましたが、設置にかかる高額の費用などの理由で、残念ながらまだ実現していません。築三〇年以上の古い一軒家に住んでいるので、断熱も十分ではありません。冬になると、窓にビニールを張ったり、使う部屋を少なくして肩を寄せ合ったりしています。

でも、南の地方ではできない冬の北海道ならではの省エネ法があります。それは、冷蔵庫の電源を切って玄関や車庫を冷蔵庫として使うこと。たとえばビールを雪の中にさしておくと、天然の冷気でキンキンに冷やせるのです。

電気の缶詰アルミ缶はリサイクルよりリデュースを

世界全体の化石燃料による二酸化炭素排出量は、減らそうとするさまざまな取り組みにもかかわらず、毎年増え続けているようです。しかも、専門機関が想定した気候変動の最悪のシナリオを超えたレベルの増加と言われています。

そうしたなかで、パリ協定(五三ページ参照)を実現するためには、電気だけではなく、輸送や冷暖房のエネルギー、プラスチック・金属製品などすべての工業、化学肥料や農薬に依存した農業など、人間活動全体を見直さなければなりません。わたしが営んでいるリサイクルの仕事にも変化が求められるでしょう。

北海道では二〇〇八年に、環境・気候変動をテーマの一つにした「北海道洞爺湖サミット」が開催され、環境問題への取り組みが報道されました。あるビール会社は、サミットの記念ラベルが印刷された缶ビールを発売。「缶のアルミ使用量を従来より一・九％削減し、環境に配慮した」と主張しました。ご存じのように、アルミ缶は「電気の缶詰」とも言われ、製造時に莫大なエネルギーを消費します。

二〇一八年のアルミ缶の年間国内消費量は約二一七億缶。製造するためのエネルギーは、一〇〇万キロワット級の巨大発電所が一・五基必要です。アルミ缶をリサイクルしてアルミ缶を作ると、製造エネルギーは減りますが、リサイクルしたアルミ缶で製造できるのは胴の部分だけ。それ以外は、新しいアルミを必要とします。メーカーの努力は認めますが、「一・九％削減」ではなく、アルミ缶の消費量を減らし(リデュース＝reduce)、さらにはアルミ缶そのものを必要としない社会を目指さなければなりません。

ＳＤＧｓと廃棄物と地球サミット

持続可能な地球社会への目標

二〇一五年、国連に加盟する一九三カ国すべてが合意した「ＳＤＧｓ＝持続可能な開発目標」が世界に呼びかけられました。Ｓ＝Sustainable（持続可能な）、Ｄ＝Development（発展・開発）、Ｇｓ＝Goals（二〇三〇年が最終ゴール目標）です。一七の目標（図１）と一六九のターゲットが掲げられています。日本でも近年、しばしばマスコミで取り上げられるようになりました。

その目標12〈つくる責任・つかう責任〉は、「持続可能な消費と生産のパターンを確保する」です。そこでは一一項目の具体的な目標が掲げられ、うち三つがごみに関するものです。

12―3　二〇三〇年までに小売・消費レベルにおける世界全体の一人あたりの食料の廃棄を半減させ、収穫後損失などの生産・サプライチェーンにおける食品ロスを減少させる。

12―4　二〇二〇年までに、合意された国際的な枠組みに従い、製品ライフサイクルを通じ、環境上適正な化学物質やすべての廃棄物の管理を実現し、人の健康や環境への悪影響を最小化するため、化学物質や廃棄物の大気、水、土壌への放出を大幅に削減する。

図1　持続可能な世界を実現するための17の目標

12―5　二〇三〇年までに、廃棄物の発生防止、削減、再生利用及び再利用により、廃棄物の排出量を大幅に削減する。

また、目標14の〈海の豊かさを守ろう〉の「海洋と海洋資源を持続可能な開発に向けて保全し、持続可能な形で利用する」の中にも、ごみ関連が入っています。

14―1　二〇二五年までに、海洋ごみや富栄養化を含む、特に陸上活動による汚染など、あらゆる種類の海洋汚染を防止し、大幅に削減する。

目標を実現するために

二〇一七年に札幌市は、市民を対象に家庭からの食品ロス（食べられるにもかかわらず、ごみとして捨てられた食品）の調査をしました。その結果、一世帯一カ月あたり一四七八グラムの食品ロスがあることが分かりました。札幌市によると、市全体（コンビニなど事業所も含める）の食品ロスは年間二万トンにもなるそうです。12―3の目標を実現するために、わたしたちは真剣に取り組む必要があります。

そして、12―4を実現するためには、ごみの焼却を大幅に見直す必要がありそうです。ごみの焼却は、化学物質や廃棄物の「大気への放出」にほかなりません。

札幌市では年間の家庭ごみ約三八万トン（二〇一七年度）のうち約七〇％を焼却しています。焼却によって、温暖化物質である二酸化炭素はもちろん、塩化水素をはじめとするさまざまな化学物質が発生します。ごみの量を減らすとともに、現在は燃やしているものでも焼却しない処理を選ぶ道もあり得るはずです。

12―5を実現するためには、何が必要でしょうか？　札幌市のごみ組成調査（二〇一七年）では、生ごみが二八％、紙ごみが二七％、プラスチックごみが一七％と、この三つで七二％を占めています。

わが家の生ごみは、ダンボール箱を使った堆肥化でほぼゼロになりました（五二ページ参照）。紙ごみもリサイクルに出すので、やはりほぼゼロ。SDGsを個人的に達成するためには、プラスチックが問題です。買い物にはエコバッグを持参するなどの努力目標もありますが、それだけでは限界があるでしょう。

プラスチック製容器包装に関して、生産・流通だけでなく、廃棄まで製造企業が責任を持つ仕組みが必要です。日本の容器包装リサイクル法は、ヨーロッパ諸国に比べると企業の責任範囲が十分ではありません。ドイツなどでは、プラスチック製容器包装を回収してリサイクルする費用は一〇〇％企業の負担ですが、日本は三〇％以下。だから、容器包装を簡素化するインセンティブが働きにくいのです。

14—1については、プラスチックによる海洋汚染が大きく関連しています。海洋汚染の原因の多くは使い捨ての包装容器であると言われています。そこで注目されるのが、いまは懐かしい量り売りです。日本ではほとんど目にしなくなりましたが、ヨーロッパでは現在も市場やスーパーで多いと聞きます。この仕組みが流通産業に広がれば、海に流れ込むプラスチックを大幅に減少できるかもしれません。

日本で初めて「ゼロウェイスト宣言（ごみゼロ宣言）」をした徳島県上勝町《かみかつ》の上勝百貨店では、パスタや調味料まですべての商品を量り売りしています。町内だけではなく、近隣住民にも人気があるそうです。ごみが減るのはもちろん、買う量を調節できたり、お店の会話も増えたり、買い物が楽しくなりそうですね。

「市民連絡会」の一員としてリオデジャネイロへ

「持続可能な発展（開発）」という言葉は、一九九二年にブラジルのリオデジャネイロ（以下「リオ」）で開催された国連主催の「環境と開発に関する国連会議」（地球サミット）で提唱されました。各国で深刻化する大規模開発による環境破壊、温室効果ガスによる気候変動、自然破壊による生物多様性の喪失、フロンガスによるオゾン層の破壊、大気汚染による酸性雨被害など、地球的規模で広がる環境問題をテーマにした国連史上最大の国際会議です。

並行して行われたNGOフォーラムには、多くの環境活動家や市民が集いました。この地球サミットに向けて、日本の市民によって組織されたのが「92国連ブラジル会議市民連絡会」(以下「市民連絡会」)。わたしもその一員として、はるばるリオへ行きました。市民連絡会が事前に横浜で開いたプレ会議の宣言の要旨を紹介しましょう。

「大規模開発により自然と一体となった持続可能な暮らしが奪われ、地域を追われた人びとは新たな貧困に追いやられている。環境問題が深刻化すると、最初に被害を受けるのは貧困に苦しむ人びとだ。環境問題と貧困問題は、原因を同じくした表裏一体の問題である」

わたしは、その会議でこう発言しました。

「札幌市から来ました。わたしは再生資源回収の現場で働き、大量の資源が廃棄されるのを目のあたりにしています。大量生産・大量消費・大量廃棄が環境問題を引き起こしたことを実感します。これまでの使い捨て社会を変えなければなりません!」

その発言のあと、北海道各地からの参加者に声をかけられました。初対面の人ばかりです。地球サミットに向けた市民運動が確実に広がっていることを強く感じました。

ブラジル行きを決めたのが会議の直前だったため、往復の道のりは市民連絡会の人たちとは別行動。英語は片言しかしゃべれず、初めての海外一人旅で、思いっきり緊張しました。出国時に、日焼けしてラフな格好をしていたせいでしょうか、日系ブラジル人の列に並ばされたことを思い出します。アメリカを経由して四回も飛行機を乗り換え、やっとの思いでリオに到着しました。

フォーラムやスタディツアーの経験

リオの街には、自動小銃を構えた兵士が各所に立っていました。そんな光景を目にしたのは、もちろん初めて。またまた緊張しました。当時のリオは治安が悪く、国連会議の直前にはストリートチルドレンやホームレスの人たちが街中から強制的に排除されたそうです。

世界中から集まった市民は数万人。日本からも市民連絡会を中心に約二〇〇〇人が参加していました。リオの中央にあるフラミンゴ公園では、各国のNGOが連日フォーラムを開いていました。わたしも、意気投合した日本からの参加者数人と急遽「大量廃棄を考えるフォーラム」を開催。当時は急激な円高によって、日本に輸入されるパルプや鉄鉱石の市場価格が下がり、それに引きずられて古紙や鉄くずの価格も急落していたので、こう訴えました。

「環境問題の重要な解決策のひとつとして、資源のリサイクルは重要だとだれもが言う。ところが、回収する現場は苦境に立たされている。なぜ、そうなるのか？」

このフォーラムには南米各国を中心に多くの参加者があり、その場の提案で翌日、リオのごみ処理施設の見学に行きました。当時のリオでは、生ごみもプラスチックも空き缶も、市民に分別を求めることなく、一括混合収集していたそうです。そして、それらは焼却ではなく（ブラジルでは大気汚染を理由に、ごみの焼却が法律で禁止されていた）、長いベルトコンベアに運ばれ、多くの人手で分別されていました。分別後はどうなるのでしょうか？

夜には、サンバのリズムでノリノリの、かつて見たこともない数十万人規模のデモに飛び入り参加。ハイパーインフレに見舞われ、「ファベーラ」と呼ばれるスラムが広がるリオで、アメリカをはじめとする先進国による経済支配に抗議するデモ隊のシュプレヒコールは、「ゴー・バック・（父）ブッシュ」でした。

リオから数千キロも離れたアマゾン川流域を訪れるスタディツアーにも参加しました。赤道直下では世界最大の人口をかかえるベレン市と、日系ブラジル人が多く住むトメアスを訪ねるツアーです。

トメアスは、大規模開発で失われる熱帯雨林を守る「もうひとつの農業」が行われる地域として、注目を集めていました。熱帯雨林のもとで、コショウ・カカオ・バナナなどを混植する農業です。その農場は森としか思えません。森林を伐採した単一作物を栽培するプランテーションではなく、自然を生かした複合的農業に取り組んでいました。交流会の会場にはカラオケがあり、わたしの定番「津軽海峡冬景色」がアマゾンの夜の闇に響きました。

ベレンには、アルミニウムの大規模な精錬工場がありました。アルミはボーキサイトという鉱石を電気精錬して作るため、大量の電力を必要とします。その電力は、アマゾン川の支流であるトカンチンス川にあるツクルイダムから供給されていました。ダムの堤防の長さは一八キロ。ダム建設で湖底に沈んだ土地の面積は二〇〇〇㎢と言われ、東京都にほぼ匹敵します。沈んだ場所は、もちろん熱帯雨林。地球上で最も多様な動植物が生息する地域のひとつが失われたのです。そこには、森とともに数千年にわたって持続可能な暮らしを営んできたインディオが住んでいました。ダム建設に激しく抵抗したインディオたちは、結局立ち退きを余儀なくされ、ファベーラへ追いやられました。

わたしはブラジルから帰った後、少しだけ世界を変えることを続けています。それは、「缶断ち」。缶ビールや缶ジュースなど缶入り飲料を飲むことを止めたのです。

地球サミットをきっかけに、日本では一九九三年に「環境基本法」が制定され、環境問題が強く意識されるようになりました。ただし、地球サミットは「世界を大きく変えよう」としたものの、世界の環境問題と貧困問題は解決していません。

一〇年後にヨハネスブルグへ

リオの会議から一〇年後の二〇〇二年、南アフリカ共和国のヨハネスブルグで開かれたのが「持続可能な開発に関する世界首脳会議」です。やはり市民による連絡会が生まれ、わたしもその一員として参加しました。このときも、会議の数年前から古紙をはじめとした再生資源価格が暴落していました。ただし、理由はリオのときとは違います。「大量廃棄から大量リサイクルへ」が国策として実施され、一斉に「ごみの資源化」が取り組まれた結果、古紙をはじめとした再生資源は供給過剰になり、市場経済の原理で価格が暴落したのです。

ヨハネスブルグの会議は、リオと打って変わって重苦しい雰囲気でした。環境問題以上に、貧困をめぐる南北問題が深刻化していたからです。しかも、「治安が悪いので、ホテルとNGOグローバルフォーラムの会場、国際会議場周辺以外は出歩かないように」という指示が出されていました。

アパルトヘイト（人種隔離）の歴史を持つ南アフリカ共和国。その歴史に終止符を打つべく、一九九四年に「全人種参加選挙」が実施され、黒人のネルソン・マンデラさんが大統領に就任。政治的には大きな変革をなしとげましたが、経済的にはなお黒人層の多くが貧困に苦しめられていました。「環境問題と貧困問題は同じ問題の裏表」というリオ会議の宣言が思い出されました。

ヨハネスブルグの郊外には、「ソウェト」と呼ばれるスラム街が広がっています。ソウェトを訪れるスタディツアーに参加しました。廃材を寄せ集めた小さな掘っ建て小屋が延々と続き、乾燥した気候のため砂ぼこりとプラスチックの袋が舞い上がります。殺伐とした風景からは、暮らしの息づかいが感じられません。以前に訪れたことのあるタイのスラムでは、貧しいながらも暮らしの息づかいを感じましたが、印象は大きく違いました。アジアとアフリカの風土の違いなのでしょうか？

ソウェトでは、子どもたちに写真を教える活動がありました。絵葉書になったその写真の販売と中古フィルムカメラを送ってほしいという要請があり、重い気持ちをかかえて帰国した後は、その支援に取り組みました。デジタルカメラの時代になっていた日本では、フィルムカメラが不要となって次々に捨てられていたので、回収して送ったのです。

再びリオから未来へ

日本ではあまり報道されませんでしたが、二〇一二年六月に「国連持続可能な開発会議（リオ＋20）」が国連史上最多の一四〇カ国が参加してリオで開催されました。残念ながら今度は参加できませんでしたが、注目していました。

会議のキーワードは「グリーン経済」。これに対してNGO側から当然の批判がありました。「エコノミストは何をもって『グリーン』と言うのか？　原発さえ『地球温暖化を防ぐのでグリーン』と言ってきたではないか」

ブラジル在住のインディオからも、これまた当然の抗議の声があがりました。「われわれ先住民の命の森を『グリーン』という名のもとに、再び『経済』の道具にするのか」

世界で最も深刻な環境問題とも言える福島第一原発事故の問題を訴えるために、日本からも多くの人たちが参加しました。しかし、国連の会議では原発問題は取り上げられず、「何のための会議だったのか」という大きな疑問が残っています。

一九九二年から二〇年という歳月を経て、世界は変わったのでしょうか？

福島原発事故を経験して、ドイツが脱原発を国策として決定した一方、事故の当事国・日本では原発の再稼働が進められています。貧困問題は、「発展途上」と言われる国々のみならず、「先進国」と言われるアメリカや日本でも、「一％の大金持ちとその他九九％」の格差の問題として拡大し続けています。そんな状況のもとで、この国際会議場に世界が注目した演説が流れました。

「われわれの前に立つ巨大な危機は、環境危機ではありません。政治の危機なのです。現代に至っては、この大きな危機をもたらした大量消費社会を政治はコントロールできていません。逆に、人類が消費社会にコントロールされているのです。わたしたちは、発展するために生まれてきたのではありません。幸せになるために、この地球にやってきたのです。発展は、幸福を阻害するものであってはいけないのです。発展は人類に幸福をもたらすものでなくてはなりません。愛を育むこと、人間関係を築くこと、子どもを育てること、そして必要最低限のモノを持つこと。発展は、これらをもたらすべきものです」

主要国の演説が終わり、会場を立ち去ろうとしていた人たちは、この演説をふと耳にして立ち止まり、最後はスタンディングオベーションで大きな拍手を送ったそうです。演説の主は、「世界で最も貧しい大統領」と呼ばれていたウルグアイのホセ・ムヒカ大統領です。ムヒカさんの暮らしぶりやメッセージはその後、世界中で注目され、日本にも紹介されています。

リオ＋30の節目となるのが二〇二二年、ＳＤＧsの目標年が二〇三〇年。世界はどう変わっていくのでしょうか。国連による国際会議やＳＤＧsなんて言うと、遠い世界のように感じるかもしれません。でも、一九九二年の最初の地球サミットのときに、世界の市民によって掲げられた標語があります。

「Think Globally, Act Locally」（「地球的視野を持って考え、地域で行動しよう」）

今日、明日と続く日々の自分の暮らしのなかで、「世界の幸せ」「地球の持続性」につながる、もうひとつの暮らしを創っていきたいと思うのです。

食べられるモノが捨てられている

食料廃棄の現実

今日の昼食は、わたし自身の手作り弁当でした。冷蔵庫に、一昨日からプラスチック容器に入れられて残っていたご飯。やっと最後の一粒まで詰めました。おかずは、四日ほど前に大量に作ったおからハンバーグの残り。棚の奥から出てきたフキの煮付けも、口に含んで酸っぱくなっていなかったので入れました。まあ「手作り残りモノ弁当」なのですが、これがここ二〇年間のわたしの昼食の定番のひとつ。子どものころ、「一粒のご飯も残さず食べなさい。こぼしたものは拾って食べなさい」という教育を受けて育った世代です。

『さらば、食料廃棄――捨てない挑戦』(シュテファン・クロイツベルガーほか著、長谷川圭訳、春秋社、二〇一三年)という、二人のドイツ人が書いたドキュメンタリーを読みました。にわかに信じがたいのですが、世界に供給される食料のうち三分の一、先進国では半分が食べられるにもかかわらず廃棄されていると書かれています。日本で廃棄される食料は、年間約一八〇〇万トン。米の年間国内総生産量八六〇万トンの倍以上ですから、驚くほかありません。

食料廃棄は、大量の「食べられる規格外品」が生み出される生産現場から始まります。その現実をつぶさに体験する機会がありました。二〇一四年からハウス農家を始めた娘の農場に、援農に行ったときのことです。

畑で捨てられる「規格外品」

北海道のハウス栽培は、晩秋が一年の始まり。雪が積もり始める一一月に、ほうれん草の種を播きます。厳冬期をゆっくり育ち、まだ寒い三月に収穫。福島原発事故後、このほうれん草を福島県二本松市の友人が経営している幼稚園（一二九ページ～参照）に毎年送ってきました。それに続くのが、ブロッコリー。そして六月に、メイン作物であるトマトの苗を植えます。

トマトの収穫開始は、北国の短い夏が始まる七月中旬です。農協に出す規格品の出荷時間は昼ごろまでと決められているので、明るくなり始める午前四時ごろからの収穫作業になります。農協に出荷できるのは、実の先がホンノリ赤みがかったトマトのみ。出荷から店頭に並ぶ日数を計算し、店頭に並ぶときにちょうど赤く色づくものです。当然ですが、株ごとにトマトの成長の早さは異なります。ホンノリ赤みがかったタイミングの実だけを収穫するために、早朝の作業は九月まで続きます。

大きすぎるものや小さすぎるものだけでなく、見るからに美味しそうな真っ赤な完熟トマトも、規格外品になります。実の先がホンノリ赤みがかっていても、お尻にほんの少しの割れや傷があると「不合格」です。

もちろん、規格外品のすべてが廃棄されるわけではありません。ジュースにされたり、地元ホテルの料理に使われたり、「ワケありご近所野菜」として限られた店頭に並べられたりします。しかし、そんな努力にもかかわらず、ハウスの裏には採れたてで廃棄されるトマトが山積みになってしまいます。

消費期限・賞味期限と食品ロス

食品が食べられるか食べられないかは、どう判断していますか？　目安になるのは、「消費期限」と「賞味期限」でしょう。この二つの違いはご存じでしょうか。

肉や魚、豆腐や牛乳など、腐りやすい食品が傷み始める可能性のある期限が「消費期限」。たとえ過ぎていても、カビが生えたり変色していないか、腐敗臭がしないかといった五感で、食べてもいいかどうかを見分けることができます。

わたしは五感に頼っているのですが、あるコンビニで弁当を買ったとき、ちょっと驚いたことがありました。レジでその弁当のバーコードを読み取ったとき、「ピー」と電子音が鳴りました。すると、こう告げられたのです。

「お客さま、この弁当は消費時間切れでお売りできません」

店員さんも食べられることは分かっているけれど、コンビニというシステムの中では販売は許されません。あと一分早ければ？　「ごみ」にはならず、わたしの身体の一部になっていたのに！

一方の「賞味期限」は、食品メーカーが独自に定める「美味しく賞味できる期間」。缶詰やお菓子や加工食品に表示されています。その期限をめぐって問題になっているのが、「三分の一ルール」。たとえば賞味期限六カ月の食品であれば、その三分の一の二カ月を過ぎると、食品メーカーが出荷できなくなるという商業上の慣習です。

賞味期限の三分の一を過ぎると安売りされますが、それでも残った品物は大量に廃棄されます。以前、食品メーカーで廃棄されたはずの冷凍食品が、廃棄物業者を通して転売されていたという事件が報道されました。賞味期限を過ぎた食品の再利用によって問題にされた大手企業もあります。どちらも、「廃棄物処理法」や「食品衛生法」に照らして違法です。しかし、「適法が大量廃棄を生む」という矛盾が残ります。

スーパーでは、賞味期限が残り二カ月を過ぎた商品は店頭から撤去されます。安売りされる場合もありますが、賞味期限が切れていないにもかかわらず大量に廃棄されるわけです。そこに着目して始まったのが「フードバンク運動」。賞味期限内の流通できなくなった食品を企業などから提供してもらい、生活困窮者など必要とする人に無料で配布・提供する活動です。

札幌市でこの活動をしている人の話を聞いたところ、ある食品メーカーから、夏の季節品であるアイスコーヒーが提供されたそうです。涼しい秋になったので、売れ残ったのですね。その量なんと四トントラック一台分！　日本が世界有数の食料廃棄国であることが、このエピソードだけでうなずけました。北海道のある生協では、フードバンク活動に「協同組合運動の一環として取り組む」ことを決めました。全国に広がってほしいですね。

「損した」と「申し訳ない」を分けるもの

ただし、その一方で食品のロスそのものを減らすことにも力を注がなければなりません。食べられる食料廃棄を減らすことが、国内はもちろん、世界から飢餓や生活困窮者をなくすことにつながるのではないでしょうか。『さらば、食料廃棄』には、ヨーロッパの家庭についてこんな記述がありました。

「茹ですぎて余ったパスタは、フタのついたプラスチック容器に入れられて冷蔵庫にしまわれる。余ったからといって食べられるものをそのまま捨てることには、良心の呵責《かしゃく》があるのだ。しかし、それは次第に冷蔵庫の奥に移動し、次に発見したときには、カビが生えてもう食べることはできない。わたしたちは自分を責めることなく、ホッとしてそれを捨てることができる」

日本にもヨーロッパにも、もちろんアメリカにも、「食べものは大事」と感じている多くの人びとがいるでしょう。しかし、わたしも含めて大量の食品を前に、立ちすくんでいるように見えます。

京都市が五年に一回取り組んでいる「家庭ごみ詳細調査」によると、日本の消費者の廃棄実態は驚くべきものです。生ごみとして家庭から廃棄されるうち、消費期限・賞味期限内の食品や、包装さえ開けられていない手つかず食品が約二二％も占め、その割合は年々高まる傾向にあります。

そのひとつの原因は、大型冷蔵庫にあるかもしれません。いまの冷蔵庫は奥行きがあるので、奥に入ると見落としがちです。奥行きのない「壁掛け冷蔵庫」が発明されないですかね？　場所をとらないので売れると思うけれど……。

近所の豆腐屋さんで豆腐を買う人は、全国にどのくらいいるのでしょうか？　豆腐を入れる容器を持参して買う人が増えれば、食料廃棄が劇的に減るでしょう。

あるとき、豆腐屋さんで買った豆腐が冷蔵庫の奥の見落としスペースに入ってしまい、腐らせたことがあります。豆腐屋さんの顔や声が浮かんで、申し訳ない気持ちになりました。スーパーから買った豆

腐も、腐らせたことがあります。でも、そのときはなぜか「損した」という気持ちにはなりますが、「申し訳ない」という気持ちにはならないのです。

経済評論家の内橋克人さんは、「FEC自給圏をつくろう」と呼びかけています。食料(フード=F)、エネルギー=E、医療・介護(ケア=C)の地域内自給が、グローバル化する世界のなかで人びとが幸せに生きる道であるというのです(『共生経済が始まる――人間復興の社会を求めて』朝日文庫、二〇一一年)。

世界には十分な食事をとれない貧困に喘《あえ》ぐ人たちがいることを、わたしたちは知っています。その一方で、冷蔵庫に食べきれずにカビの生えた食品がある日常。そろそろこの矛盾の解決に、個人、地域、日本、世界で全面的に立ち向かわないと、わたしたち自身がいつか十分な食事をとれない食料危機に立たされる。わたしにはそんな気がするのです。

ペットボトルと砂漠の水

二三六億本のペットボトル

わたしの経営している会社では創業以来、空きびんや空き缶のリサイクルやリユースをしています。最近は、ペットボトルのリサイクルもやらざるを得なくなりました。ペットボトルを回収していると、飲み残しが多いことに気が付きます。会議などで配られるものでは、半分以上残っている場合が大半です。

ペット(PET)は、「ポリエチレンテレフタレート(Polyethylene terephthalate)」の略称。繊維に加工されると、ポリエステルになります。わたしの会社が回収したものは、主に絨毯《じゅうたん》に再生されてきました。ただし、残念ながら絨毯はリサイクルやリユースが難しく、燃やすか埋めるかしかありません。

一九九六年までは、ペットボトルの使用は一リットル以上の大型ボトルに限定されていました。なぜなら、リサイクル・ルートが確立されていなかったため、ごみとして廃棄されることが懸念され、全国の自治体が小型ペットボトルの解禁に反対していたからです。しかし、リサイクル・ルートの確立を条件に解禁され、飲料容器としてのペットボトルが急増しました。

そのころは、ヨーロッパなどからペットボトル入りミネラルウォーターの輸入が急増した時期です。水道の水を飲み続けてきたわたしには、「店で水を買って飲む」という行為に違和感がありました。初めてペットボトル入りウォーターを買ったのは、海外に行ったときです。

ちなみに、国土交通省が「安全に水道水が飲める国」としているのは、世界でわずか一〇カ国しかありません(「平成三〇年版日本の水資源の現況」)。アジアでは日本だけです。もっとも、わたしの連れ合いが行ったことのあるネパールの農村では、「自分も含めて水道の水を飲んでいた」と言うので、安全な水道水(または井戸水)が飲める国は他にもあるでしょう。

二〇一七年の日本のペットボトル販売量は五八万七〇〇〇トン。五〇〇ミリリットルのボトルに換算すると、二三六億本です。これは、赤ちゃんから一〇〇歳以上の老人まで含めて、ひとり年間二〇〇本(!)を消費している計算になります。PETボトルリサイクル推進協議会によると、同年のリサイクル率は約八五%で、四九万八〇〇〇トンを再資源化しました。

回収されたボトルは、粉砕・洗浄されてペレット(プラスチックの粒)に加工され、そのペレットを原料に、プラスチックシート(卵パックなど)、繊維(絨毯など)、ペットボトルなどが作られます。しかし、八万八〇〇〇トンはごみとして処理されているのです。

ちなみに、二〇年前の一九九七年は生産量が二一万一〇〇〇トン。回収率はわずか一〇%で、一九万九〇〇〇トンがごみとして処理されました。これを「回収量・回収率が上がった」と評価するのか、「いまだに八万八〇〇〇トンもごみにしていてムダが多い」と評価するのか、議論が分かれるところです。しかも、大量に回収されたペットボトル約五〇万トンのうち、二〇万一〇〇〇トンは海外に輸出されています。

リサイクルよりリユースを

わたしの手元には、友人がドイツに行った際に持ち帰ったペットボトルがあります。日本製に比べて、肉厚で丈夫です。このペットボトルは、回収後に洗われて再使用されます。いったん原材料にまで戻して再利用する「リサイクル」と区別して、そのままの形で再使用することを「リユース」と言います。最近は少なくなってきたのですが、ガラスびんである一升びんやビールびんは、前者で五回、後者で二〇回程度洗ってリユースされるのです。リユースされるびんは買ったお店に返却できるので、「リターナブルびん」とも呼ばれます。

飲料容器が生産から廃棄されるまでの環境負荷を、LCA（ライフサイクルアセスメント）の手法を用いて、比較した研究があります。その結果、リユースされるガラスびんの環境負荷（二酸化炭素発生量、硫黄酸化物発生量、エネルギー消費量、水資源消費量）が一番低いことが分かりました（**図2**）。

その結果を受けて環境省は二〇〇八年に、リユースペットボトルに入ったミネラルウォーターの販売実験を行い、LCA手法を使って環境負荷を調べたところ、「生産から販売、そして

図２　飲料容器の環境負荷

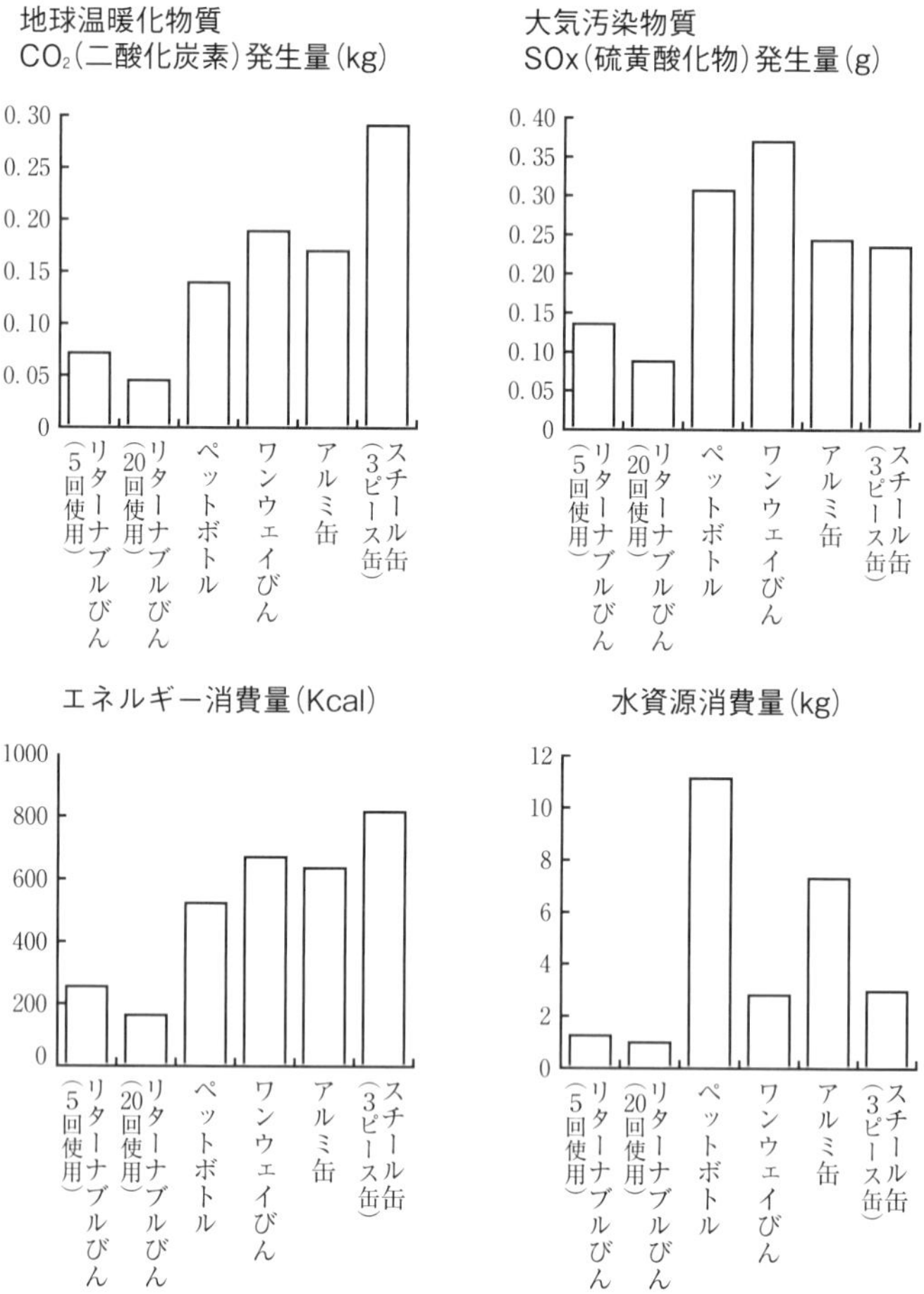

（注）３ピース缶は、底蓋・円筒の缶胴・飲み口の付いた上蓋の３つの部品から成り立つ缶。
（出典）「LCA手法による容器間比較報告書＜改訂版＞」容器間比較研究会、2001年８月。http://www.zenbin.ne.jp/index.html

回収して洗浄して、再使用ボトルに再充填《じゅうてん》する間の距離が短ければ、リサイクルするより環境負荷は少ない」という結果が出ました。ガラスびんのリユースについても同様です。

もともと、缶やペットボトルはびんに比べて軽量で、大規模工場での大量生産に適しています。しかし、そうした大量生産・大量消費が環境問題を引き起こしてきました。今後は地域循環を基本とした分散型生産システムが重要であることを、環境省の実験は示していると言えます。

また、東京大学の三木暁子さんら三人の研究者が行ったライフサイクルアセスメントによると、ペットボトル水の環境負荷は水道水の三〇倍になるそうです(三木暁子・中谷準・平尾雅彦「消費者のためのライフサイクル評価による飲料水利用のシナリオ分析」『環境科学会誌』二三巻六号、二〇一〇年)。

ニューヨーク在住で、持続可能な社会の実現へ向けた活動に取り組む田中めぐみさんの著書『サスティナブルシティニューヨーク――持続可能な社会へ』(繊研新聞社、二〇一三年)に、ニューヨーク市の飲料水に関する取り組みが紹介されていました。ニューヨーク市は、水道水の安全性への認識を高めるキャンペーンを展開し、夏季に無料の水道水飲み場を設置すると同時に、市庁舎内ではペットボトル水の販売を禁止しているそうです。

市民もこのキャンペーンに賛同し、ペットボトルの利用を控えてマイボトル(水筒)を持ち歩く人が増えているとも。「ミネラルウォーターのボトルで水を飲むことがカッコイイ」という雰囲気がまだまだある日本に比べて、「ペットボトル水は環境に及ぼす影響が大きい。水道水を飲むほうがカッコイイ」という雰囲気がニューヨークでは広がりつつあると言います。

同じくアメリカのシカゴ市では、水を入れたペットボトルに五セント（約五円）のボトル税を導入。こちらは、ペットボトルのごみを減らすのも目的とされています。

砂漠の国から水輸入!?

あるとき、社員の一人が一本のペットボトルを持ってきました。薄いブルーの色つきボトルで、ラベルの表には英語で「masafi」と表示されています。裏を返すと、「名称：ナチュラルミネラルウォーター、原材料名：水（鉱泉）」。輸入業者名も書かれ、その下の原産国名には驚くべき国名が書かれていました。「アラブ首長国連邦・ドバイ」!!

もちろんそれは、日本が二番目に多くの石油を輸入している、あの中東の砂漠の国にほかなりません。だれもが持つ疑問を、わたしも持ちました。

「なぜ砂漠から水を輸入するの？」

調べてみると、以下のことが分かりました。

首都ドバイの北一五〇キロにラスアルハイムという町があります。砂漠のオアシスとして古くから栄えていたそうです。この町の郊外に、標高一〇〇〇メートルほどのマサフィー（masafi）山があります。以下はペットボトル水の販売会社による説明です。

「マサフィー山に降った雨は、砂漠の細かな砂やグリーンクリスタルと呼ばれる鉱物の層を通りながら、不純物を濾過していき、ミネラル分の豊かな地下水となります。そして、その水は、巨大な地下水脈となり、数千年の長い年月をかけて磨き上げられた恵みの水になるのです」

たしかに、オアシスの水は美味しいのでしょう。

アラブ首長国連邦は、中東では最も「水道水が飲める国」と言われています。では、その水は砂漠のオアシスの水なのでしょうか？　もちろん、違います。

地下水ではなく、海水を淡水化した水です。ペルシャ湾の海水を淡水化するには、莫大な熱や電気が必要です。そのエネルギーには石油が使われます。つまり、アラブ首長国連邦では「石油から水を作っている」のです。

そんな砂漠の国から、石油で作られたペットボトル入りの水を、これまた膨大な運搬のエネルギーをかけて輸入して飲むことは、「石油の浪費」そのものですよね。こうしたことの積み重ねが、気候変動を招いています。

砂漠のオアシスの水は、砂漠に生きる人たちのもの。世界でも稀有な水の豊かな国に住むわたしたちが、それを奪っていいはずがありません。

ペットボトルそろそろ止めようか

世界では少しずつ、ペットボトルを止める動きが出てきています。ニューヨーク市は、「環境のことを考えて、水道水を飲もう」というキャンペーンに取り組みました。アメリカではペットボトルの生産に、二七億二〇〇〇万リットルの石油が使われています。その消費量は、一〇〇万台の自動車製造に使う量に匹敵します。また、サンフランシスコ市では市役所・公園などでのペットボトル水の販売を禁止、ドイツでは洗って何度も使うリユースボトルが使われ、イギリスでは会議用ペットボトル飲料の調達を二〇〇八年から禁止しました。

日本でも、長野県飯田市、愛知県安城《あんじょう》市、京都府福知山市などで、会議でペットボトルを使わないようになりました。奈良県生駒《いこま》市は、公共施設の自動販売機の削減とリユースびん入りのお茶の普及に取り組んでいます。

また、環境汚染科学に詳しい東京農工大学の高田秀重さんは、ペットボトルのキャップからノニルフェノールという化学物質が溶け出していると述べています（「マイクロプラスチック汚染の現状、および対策　国際動向」『廃棄物資源循環学会誌』二九巻四号、二〇一六年）。ノニルフェノールは、子宮内膜症や乳がん、精子数の減少や生殖器の萎縮を招く環境ホルモン（内分泌攪乱化学物質）と疑われている物質です。

ところで、ある中学校で環境問題について講演したとき、こんなことがありました。マイボトルの水筒と急須《きゅうす》が並んだ写真を見せ、「ペットボトルに入ったお茶を飲むより、急須で入れたお茶をマイボトルに入れて飲むほうが、エコなんだよ」と話したときです。子どもたちがなぜか首を傾げて、怪訝《けげん》そうな反応をしました。「うん？」と戸惑ったのです

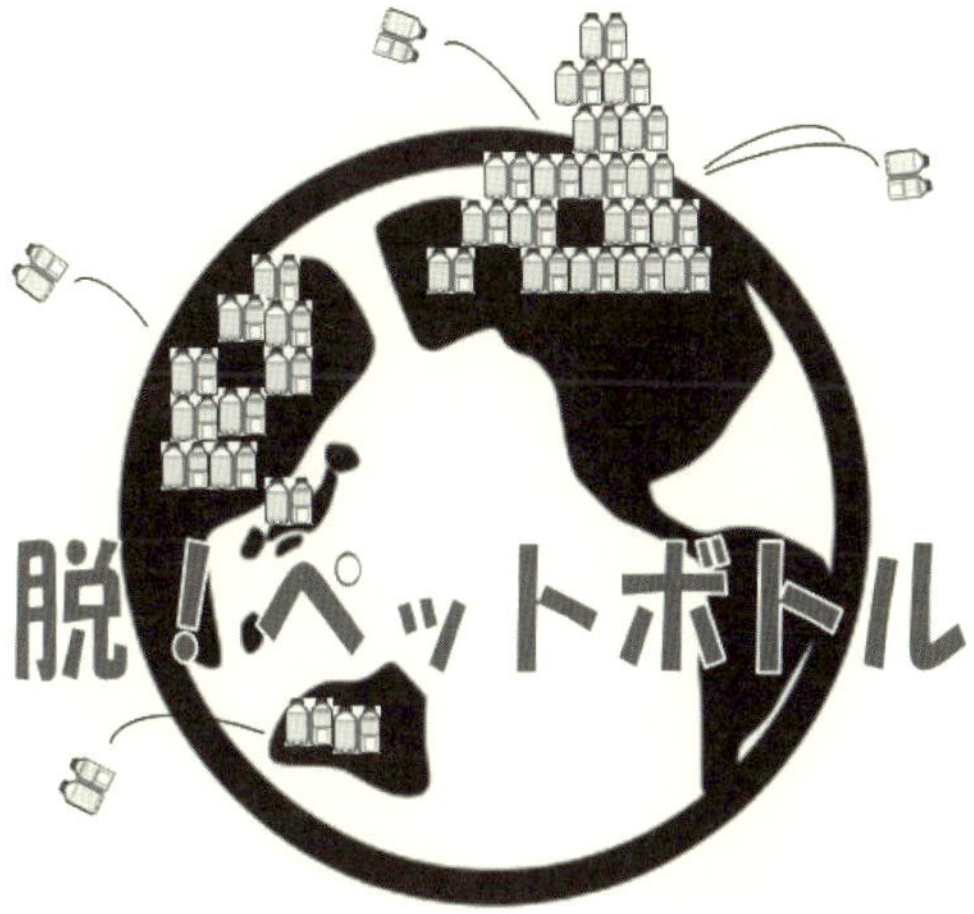

が、もしかして急須を知らないのかもと気づきました。

「この写真にある急須を知っている人、手を挙げてみて」と促すと、手が挙がったのはわずか一割ほどでした。家でお茶をいれて飲まないのか、ティーバッグのお茶を飲んでいるのか、ペットボトル入りのお茶を飲んでいるのか。

いずれにせよ、便利さと引き換えに、暮らしに根づいていた生活文化が急速に失われ、「暮らす力」が衰えていることは間違いなさそうです。最近は、小学校五年生くらいになると、「急須でお茶を入れる」授業があるそうです。さもありなんということなのでしょう。

「時給二三円」の使い捨て――ファストファッションの向こう側

服が安くなった

不要になって資源回収に出された衣類や布をリサイクル業界では「ボロ」と呼びます。「使い古してボロボロになったもの」が由来ですが、現代日本の「ボロ」は、本来のボロではまったくありません。クリーニング店の袋に入ったYシャツなどは序の口で、値札付きの新品も珍しくありません。わたしの会社では、そうしたボロを一年に約一〇万着回収しています。

政府統計によると、日本市場への衣類の供給量は一九九〇年の約一六億着から、二〇一〇年には四〇億着へ。二十数年で二・五倍になりました。

「『繊維製品三R関連調査事業』報告書」(中小企業基盤整備機構、二〇一〇年)によると、一人あたり年間衣類消費量は七・九キロ。Tシャツで五三枚、Yシャツで三二枚、ジーンズで二一本になります。わたしたちはなぜ、こんなに服を消費するようになったのでしょう?

その答えはズバリ、「安くなったから!」。

新聞に折り込まれてくる本紙より重い大量の広告チラシを見ると、「Tシャツ一枚一九八円！」。最初は驚きましたが、いまでは当たり前のようになっています。
では、なぜ安くなったのか？　衣類は、ポリエステル・綿・羊毛・絹などの繊維を原料としています。これらの原料価格は、どこの国でもあまり変わらないそうです。それなのに安くなった最も大きな理由は、「時給二二円」にあります。

バングラデシュの少女が安い給料で作る服

一枚の布を切ったり縫ったりして服に仕上げるのにかかる費用が縫製費です。さまざまなデザインの服を一点一点縫い合わせる工程は機械化が難しいのですが、これが劇的に安くなりました。あなたの服に付いているタグを見てください。それに「メイド・イン・バングラデシュ」と書いてあったら、その服はおよそ「時給二二円」で作られた服です。

そのバングラデシュの首都ダッカ近郊で二〇一三年四月二四日、縫製工場、銀行、商店などが入居していた大規模なビルの崩落事故が起きました。ダッカの北西約二〇キロにあるシャバール（人口約一四〇万人）で、八階建ての商業ビル「ラナ・プラザ」が崩壊したのです。死者一一二七人、負傷者二五〇〇人以上の大惨事。事故前日に建物から亀裂が発見され、使用を中止するように警告されていたにもかかわらず、警告はビルのオーナーらに無視されました。

この事故は日本でも大きく報道されましたが、その後バングラデシュの縫製工場はどうなったのでしょう？　日本を含む大手アパレルメーカーは、資金の拠出をはじめ縫製工場の労働環

境の改善に取り組みを進めていると言っています。しかし、NGOの「ヒューマン・ライツ・ナウ」によると、労働環境はいまだに劣悪です。
明治時代の日本では、蚕《かいこ》から絹糸を紡ぐ製糸や紡績などの繊維産業が盛んで、その輸出額は輸出総額の三分の一を占めていました。労働者の多くは、農村から出稼ぎに来た一三歳前後の少女たちであったことが知られています。少女たちは家族に貴重な現金収入をもたらした一方、日々の労働は長時間で、過酷でした。その様子は、『女工哀史』(細井和喜蔵著、岩波書店、一九五四年)や、映画『あゝ野麦峠』(山本薩夫監督、一九七九年)に記録されています。
時代は下って二〇〇五年に、『女工哀歌』(ミカ・X・ペレド監督)というドキュメンタリー映画が発表されました。「世界の工場」と言われた中国の縫製工場で働く少女たちを追った作品です。彼女たちは、アメリカの大手アパレルメーカーのジーンズを作っていました。製品の納期に追われると、労働時間は朝八時から翌日の午前三時(!)までに及び、まぶたを閉じないために「洗濯バサミでまぶたを挟んで働いた」そうです。

当時の人件費は時給〇・五元(六・七円)でした。その後、中国の人件費が上がったために(二〇一八年現在の最低賃金は時給二〇八～三九六円)、縫製工場はさらに安い人件費を求めてバングラデシュへ。バングラデシュでは二〇一八年に最低賃金が引き上げられましたが、それでも時給五〇円です。

ファストファッションの消費と古着の輸出

かつて「さっぽろファイバーリサイクルネットワーク」という市民団体のネットワークがありました。年二回、不要になった衣類・布類を回収してリユース・リサイクルするほか、リデュース(不要な衣類の発生自体を減らす)を目的に、「衣を通して暮らしを見直す」学習会や講演会を行っていました。そこが主宰する田中めぐみさん(一〇三ページ参照)の講演会に参加したことがあります。

ハンバーガーに代表される「ファストフード」という言葉は、かなり浸透してきました。近年は「ファストファッション」という言葉も広がり始めています。毎シーズンごとに次々に新たなファッションが安価に大量に供給され、衣服が使い捨てにされていく現在のファッションのあり方を指す言葉です。それに対して、人権や環境に配慮したサステイナブル(持続可能)なあり方に変えていく試みがファッション界にも生まれてきました。田中さんは、アメリカを中心にした各国のそうした動きを『グリーンファッション入門』（繊研新聞社、二〇〇九年）で紹介しています。講演会では次のように話されました。

「生産時の労働者の安全はだれが責任を負うのか。生産を依頼する企業なのか、工場なのか、政府なのか、議論は続いています。途上国にとってアパレル生産は国家発展の鍵を握る経済の要《かなめ》ですから、『アコードの誓約』のように、問題が起こっても安易に他国に移転せず、サポートしながら生産を続けることが国際社会における企業の責任と言えるのかもしれません。そして、多額の費用をかけて社会責任を果たそうとしている企業を支持し、製品を購入する際に価格の裏にある生産背景を考えることが、消費者の責任と言えるのではないでしょうか」

なお、「アコードの誓約」とは、先に紹介した事故の三週間後に国際労働機関（ＩＬＯ）やＮＧＯが中心となり、バングラデシュの縫製工場の安全を確保するために取り決めた国際的合意です。ヨーロッパの大手アパレル企業を中心に約二〇〇社が署名していますが、当初は二〇一八年までだった支援を二一年まで延長することをめぐって企業の足並みが乱れています。

誤解なきように書き足すと、バングラデシュ製の服を買うなと言っているわけではありません。縫製は、工場で働く若い女性たちにとって生活を支える重要な仕事です。引き続き時給が上がれば暮らしが良くなるとも聞きます。

わたしは二〇一五年に、「回収された衣類はどこへ行くのか？」をテーマに、さっぽろファイバーリサイクルネットワークで講演しました。そのときお話ししたように、回収された衣類の半分は輸出されています。古着として、アジア諸国を中心に需要があるからです。輸出量は、二〇〇〇年の八万トンから一〇年には一六万トンに倍増しました。ところが、一五年の夏になって、その輸出に異変が起きたのです。

実は、中国、フィリピン、ベトナム、インドネシアなどでは、古着の輸入が原則禁止されていますが、国内の繊維産業を守るためです。「原則禁止」していながら、輸入が続いていたのが実態でした。しかし、インドネシア政府が二〇一五年から例外を認めなくなり、輸入を完全にストップしたのです。一八年現在、日本からの古着の輸出、とくにごみ減量だけを目的にした粗悪品の輸出は、滞り始めています。

衣類をなるべくごみにしたくないわたしたちは、「アジアの人びとに日本の古着は喜ばれているなら、ごみになるよりいいのでは」と考えます。でも、もう少し想像力をはたらかせると、見えてくる親子の姿があります。時給二二円で日本向け衣類の縫製の仕事をしている母親とその家族が着ている服は、日本からの古着であるという姿が……。

一方でアフリカへは、ヨーロッパとアメリカから大量の古着が輸出されています。それは貧困層への援助になっている反面、「伝統的な衣の文化や産業を破壊している」という指摘があります。「ごみにならないのでいい」と考えるだけでは不十分でしょう。そのごみを生み出しているわたしたちの服の買い方、着方、そして捨てた後のゆくえに、目を凝らす時代になっていると思います。

介護の日々と遺品整理

母の晩年

いまは故人となった、パーキンソン病とレビー小体型認知症（幻視や認知機能の変動などが特徴）を患っていた母を介護していたときのことです。

母が部屋の中で尻もちをつきました。たいしたことはないだろうと、翌日もいつものようにデイサービスに送り出すと間もなく、「痛がっているので、すぐに迎えに来てください」と施設の担当者から電話がありました。やむなく仕事に切りをつけ、「何を大げさな」と思いつつ迎えに行き、自宅近くの病院に連れて行きました。すると、こう言われて愕然《がくぜん》としました。

「大腿骨《だいたいこつ》の頸《けい》部を骨折している。入院先を手配するので、すぐに手術をするように」

遠方に住む家族も駆けつける事態となり、手術は無事終わったのですが、いわゆる「寝たきり」状態になってしまいました。回復のためのリハビリが必要だと言われましたが、現在の医療制度では手術を受けた病院にそのまま入院することはできません。リハビリのための病院を探さなければなりませんでした。

たまたま、連れ合いの知人が勤務する病院に回復リハビリ病棟があり、幸いそこへ転院できました。しかし、そこも「回復するまで」いることはできません。さらに「短期入所療養介護」を利用できる施設へ転々とする、お定まりのコースをたどりました。その間、病状の回復に一喜一憂する日々が続き、パーキンソン病の進行により、食べものを飲み込むことがしだいに困難になっていきます。そして、医師から告げられました。

「寝たきりの人には、わたしは勧めません。しかしお母さんの場合、話すこともできるし、介助すれば立ち上がることもできる。胃ろうを作って栄養状態が良くなれば、体力が回復して再び食べられるようになることもあります」

認知症も患っていた母には、胃ろう（お腹に作られる小さな口）を通して人工栄養に頼って生き続けるかどうか、自らの意志ではもはや判断できません。悩みました。介護を共にしてきた連れ合いや兄弟に話すと、異なった思いが伝わってきました。「無理を重ねることは、本人とってどうなのかな。これ以上もういいのでは」という声が右の耳から入り、「このままでは餓死させることになるんだよ」という声が左の耳から入って、頭の中でぐるぐると回ります。結局、胃ろうの手術を受け入れることにしました。

その甲斐があってと言っていいのでしょうか、二カ月後に母は自宅に戻ることができました。退院前には、人工栄養の処方の仕方を繰り返し習いました。こちらは割と簡単で、難しかったのは「サクション」、要するに痰の吸引です。咽喉や鼻に管を差し込むのですが、どこまで奥に入れていいのか戸惑います。何よりも本人が苦しがります。食べものの飲み込みが悪くなるということは、唾液や痰も飲み込めなくなるということで、頻繁にサクションが必要になるのです。

退院して一カ月後のある夜。いつものように人工栄養の管をつないで栄養液を送っていると、突然母が苦しみだしました。すぐに在宅医療ステーションに電話すると、看護師さんが飛んできました。

「救急車を呼びます。栄養液が逆流して肺に入ってしまいました」

緊急入院した病院で、医師に言われた言葉はこうでした。

「重篤な肺炎を起こしています。今晩が山です。もしもの場合の延命措置として、心臓への電気ショックをどうしますか?」

わたしは、「無理をしないでください」と答えました。

車いすに座る母を久しぶりに外へ連れ出した午後、季節は北国の短い夏の終わりを告げていました。幸いなことに母は一命を取り留めたのです。どこか懐かしい夕焼けの空が広がります。母は穏やかに佇《たたず》んでいました。いろいろあったけど、これで良かったかな……。

秋が深まるころ、母は最後となる病院に転院し、その翌年の立春の日、八三歳の生涯を静かに終えました。生と死の狭間を歩んだ一年の歳月があったお陰でしょうか。家族も静かにその死を受け入れることができました。

遺されたモノたち

自宅で家族だけの手作りの葬儀を終え、ひと息ついた後は、煩雑《はんざつ》な行政への手続きが続きます。書類の不備などに振り回されながら、なんとかそれも終わりました。そして遺されたのは、短期間でしたが在宅の医療介護を行った結果としての、さまざまな医療・介護用品です。

胃ろうに必要だった未使用のシリンジチューブ（注入器）は、在宅医療でお世話になった病院で引き取ってもらいました。困ったのは、ダンボール箱に大量に余った人工栄養のパック。こちらは、「いったん処方したものなので、病院では引き取れない」と言われました。困ったあげく懇意にしていたケアマネジャーに相談すると、「ちょうど飲み込みが困難になりつつある人がいるので、補助栄養ドリンクとして使わせていただきます」と言ってもらえました。制度では解決できないことでも、人と人とのつながりが解決してくれたわけです。

介護用のベッドと車いすは、在宅介護事業をしているＮＰＯで再利用してもらえることになりました。新品で購入して一カ月ほどしか使われなかった痰吸引器は、北海道難病連に寄付。紙パッドは、知り合いの在宅介護支援センターと友人のお母さんに使ってもらうことになりました。足のむくみを防ぐ効果のある医療用のソックスは、福島県南相馬市から介護が必要なお母さんを連れて札幌市に避難しているＳさんに差し上げました。

次は、母の遺した品々の片付けです。

少なくない衣料品や雑貨品は子・孫・ひ孫にすべて見せ、形見の品を選んでもらいました。服は古いし、サイズなどの違いもあって、「正直難しいかな」と思いましたが、「これカワイイ！」とひ孫がスカーフを選んだのは意外でした。

それでも、大半の衣料品は残ります。残ったものは、趣味でボタン蒐《しゅう》集をしている連れ合いがまず引き受けた後、古着としてリユースまたは工業原料としてリサイクルします。リサイクルショップなどで買い取ってもらえる古着は、およそ三年以内に買った「新しい古着」です。高齢者が「長く大事に使ってきた」衣料品は、引き取ってもらえません。だから、母が遺した古着も当然無理。どうにか生かすことのできる方法はないものか。

モノがあふれる社会では、「モノに宿った思い」などそもそもないのかもしれません。でも、人から人へ手渡しできれば、何らかの想いが伝わるようにも思えます。

あるとき､連れ合いの趣味のために、再生資源として回収した古着を持ち帰ったことがあります。なかなか買い物にも行けなかった母が、「これ、ちょっとイイわね」などと言いながら、楽しそうに選んでいたのを思い出しました。

最近、買い物に行けない高齢者のために、老人ホームやデイサービス施設に出張する「出前のお店」が増えているそうです。まだ実現しているわけではありませんが、「出前のリサイクルショップ」があれば、楽しんでいただけるかもしれません。お世話になったケアマネジャーさんに話してみると、興味を示してくれました。その日のために、母の衣類はダンボール箱に入れて遺してあります。

生かして捨てるヒント

お年寄りの引越しや遺品の整理を頼まれることが多くなりました。「葬送を考える市民の会」というＮＰＯがあります。「自分らしい最後を迎えたい」という、だれもが抱く思いに寄り添うことが活動の目的。終末期の医療や葬儀の方法などについてあらかじめ書いておく「旅立ちノート」が流行していますが、その取り組みを始めた団体です。

わたしはこの会の要望で年に一回、遺品や介護施設に移るときの不要品の片付けについて、「エコ片付けのヒント」と題してアドバイスしています。「生かして捨てる」さまざまなノウハウ（**表1**）について紹介するのですが、最も伝えたいことは二つです。

その一　みなさんのお家には「資源」が備蓄されています。「資源の浪費」が環境問題を引

表1　生かして捨てるヒント

□家族や友人・知人に形見分けする
　これが理想。そのためには、故人に縁《ゆかり》の人たちで遺品を片付けること。豊かな人間関係を作ることが課題ですね。
□寄付
　さまざまな支援活動をしているNGO・NPOでは、中古品の寄付を受けて支援に役立てています。ホームページなどで探してください。ただし、寄付された品物を売却して活動に役立てている場合と、品物そのものを被災地や海外に直接送る場合とがあります。古着などを直接送る場合は、善意で送ったものが役に立たなかったり、現地の繊維産業に悪影響を与える場合もあるので、よく調べる必要があります。
□中古品として売る
　リサイクルショップ（最近ではリユースショップともいう）が買い取るのは、基本的に「新しいもの」です。ブランド品やビンテージ品を除けば、家具は一〇年以内、電気製品は五年以内、衣類は三年以内に購入したもの。食器は未使用品です。最近は、東南アジアなどを中心に海外へ輸出されるものも多くなってきました。ただし、国内市場を守るために古着などの輸入を規制する国も多くなっています。
□資源としてリサイクルする
　紙や金属や繊維製品は、再生資源としてリサイクルできるものも多くあります。木製品やプラスチックは、発電や熱供給の燃料資源として利用できる場合もあります。
□いわゆる「お焚き上げ」について
　故人が大事にしていたものは、火葬のときに棺に納めて一緒に「あの世に送る」という風習があります。また、仏壇や人形などを「お焚き上げ」と称して別途焼却することもあります。ただし、結構なお金がかかるし、焼却によって発生する有毒物質の管理などの問題もあります。知り合いの複数の僧侶に聞くと、「仏教ではそういう習慣はありません」という答えでした。

き起こしてきました。環境問題の被害を被《こうむ》るのは、みなさんの孫やひ孫。だから、次の世代に引き継ぐことが大事です。

その二「遺して逝くと家族に迷惑をかける」と、あまり心配しないでください。できる範囲で無理なく整理・整頓してください。あんまり片付けすぎると寂しくなることもありますよね。残った人たちで何とかしますから。

稼ぐことと働きがい

老人とごみ

アーネスト・ヘミングウェイの有名な小説『老人と海』をご存じでしょうか。キューバ人の年老いた漁師サンチャゴが、巨大なカジキマグロとの死闘を繰り広げるさまを描いた小説です。死闘は無惨な結末に終わりますが、老人を慕う少年に体験や思いが引き継がれます。わたしの「ごみとの闘い」もそういう結末になることを願っています。

二〇一九年八月で六七歳になるわたしは、名実ともに「老人」です。ところが、最近「日本老年学会・日本老年医学会」という「老人の研究をしている専門家」の団体が、こんな提言を行いました。

「現在の高齢者は昔より若返っているので、七五歳以上を高齢者とするのが適切。六五～七四歳はまだまだ元気なので、高齢者ではなく『准高齢者』と呼ぶ。九〇歳以上は高齢者のさらに上なので『超高齢者』と呼ぶことにしようではないか」

「名実ともに高齢者になれた」はずなのに、「年金なんかまだ早い、まだまだ働け！」と言われた気分になりました。

これまでは、「お元気ですね。まだ現役で働いていらっしゃるんですか？　お身体に気をつけて」なんて言われた人が、「まだ『准』なんでしょ？　七五歳までは当然働いてください」なんて言われかねない事態に。ウーン……

もちろん、「元気なうちは働きたい」という気持ちはあります。でも、年とともに体力・気力は「准」といえども衰えるのは、「准」世代のだれもが感じているでしょう。

この提言に「強制力」を感じる「准高齢者」は多いと思うのです。それもそのはず、実際に年金の支給開始年齢が六〇〜六五歳の間で段階的に引き上げられているのですから。

「一億総活躍社会」と言われます。でも、そのうち「年金財政が厳しい。年金は高齢者のためのものだから、年金支給開始年齢は七五歳からにして、『准』の人たちはまだまだ働いて『活躍』してください」なんて言われかねません。

最近『続・下流老人――一億総疲弊社会の衝撃』（藤田孝典、朝日新聞出版、二〇一六年）という本を読みました。その帯には、「『死ぬ直前まで働く』社会がはじまる!!下流老人は過労で死ぬ!?」とあります。本文には、こんな文章がありました。

「政府は『一億総活躍社会』のスローガンを掲げる裏で、そのためには『生涯現役社会』の実現、推進、強化が必須であることを明言している。生涯現役といえば聞こえはいいが、要するに、今後は高齢者が死ぬまで働き続けなければ社会を維持できない時代に突入するということとだ」

わたしもご多分に漏れず、十分な年金があるわけもなく、「働き続けなければ生活を維持できない」のですが、幸か不幸か定年のない経営者なので、いまの職場で働き続けられます。理想的なのは、それぞれの年齢の気力と体力に合った仕事を続け、楽しそうな新しいことへ挑戦することです。これまでやってきた仕事は減らして、若い人にうまく引き継ぎたいと思っています。とはいえ、年金が支給されるということは、本人の主観的な思いとは別に、人生の分岐点には違いありません。来し方行く末を、少し立ち止まって考えようと思います。

稼ぎ六割、働きがい四割

先日、北海道NPOサポートセンターが主催した「NPOリーダー懇談会――NPOの世代交代」に出席しました。NPOを設立した第一世代が高齢になり、その将来を考えなければならない時代になったということです。わたしが働いているのは、NPOではなく有限会社。でも、株主配当などしたこともなく「ノン・プロフィット」(実は小さな会社の大半が該当する)で、事業に「社会的企業性」があるという理由で、参加させていただけることになりました。

事業承継を行ったNPO元代表の体験談から、懇談会は始まりました。北海道の自然環境を守るために一九八〇年代半ばに活動を始めたそのNPOは、しだいに道内各地に活動を広げていきます。東日本大震災後は、東北地方にも拠点を設けて支援活動を展開。地方自治体や環境行政に影響を与えるほどの存在でした。働くスタッフも多くいます。

ところが、六〇歳を過ぎた元代表がＮＰＯの将来について出した結論はなんと「解散！」でした。「いままで積み上げてきたものにしばられることなく、次の世代は自由な発想でミッション(目的・使命)の実現に取り組んでほしい」と彼は言うのです。

「組織の維持が自己目的化することによるＮＰＯ活動の変質」が意識されていたのではないかと、わたしは思いました。もちろん、多くのスタッフがそこで働いて生活しているのですから、経営者としての責任もあります。そこで、彼は次のような選択をしました。

「北海道・東北地方に散らばる各拠点は、組織的に独立して活動する。各拠点の今後は、そこで働く人たちが自ら決める。全体を組織してきたＮＰＯは解散する」

わたしには、とても刺激的な選択でした。というのも、わたし自身が事業の承継をどうするかという選択を迫られ、設立して四〇年近く経つ有限会社の今後について考えている真最中だったからです。

心身に障がいを持っていたり、対人関係をうまく築けない人は、身の回りにたくさんいます。特別なことではありません。だから、わたしの会社が特別なわけではありません。

人が働くとき、その目的は「お金を稼ぐこと」と「働きがい」の二つです。二つのバランスをどう取るかは、その組織に関わる人によって決まります。わたしの経営感覚は、「稼ぐこと六割、働きがい四割」ぐらいでしょうか。そのバランス感覚が共有できないと、経営方針にズレが生じます。

「稼ぐこと」の割合が増していくと、そのための圧力が会社全体にかかります。「もっと効率を良くしろ。生産性を上げろ」という圧力です。それは給料を上げるためには必要です。しかし、障がいを持っていたり、対人関係が苦手だったりすると、精神的・体力的についていけないという問題が起こります。それに対して、どう対処するか?「稼ぐ」割合を八割や九割に高めていくと、「ついて来られない人には辞めてもらう」という発想になりがちです。

また、これまでの経営に別の大きなプレッシャーもここ数年かかってきています。最低賃金が連続して引き上げられた結果、「生産性を向上させないと給料が払えなくなる」という心配が出てきたのです。もちろん、六:四のバランス感覚を保ったうえで、さまざまな工夫をしようと思います。とはいえ、最低賃金として時給一〇〇〇円を支払うことになったとき、わたしの会社がそれに耐えられるか?

とても厳しいと予想されます。何らかの福祉的な雇用支援が必要だと考えていますが、使える支援制度が「帯に短しタスキに長し」で、うまく使えません。さてさて、どうしたもんじゃろのう……。

地域で共に生きていく

ＮＰＯリーダー懇談会では、体験報告の後、約一〇名の参加者で意見を交換しました。二つ紹介しましょう。

「NPOにとっては、ミッションを次の世代にいかに伝え承継していくかが重要」

「新しく雇用した若いスタッフには、当然だが労働基準法の順守を求められる。でも、たとえばネイチャーガイドは、『時間になったから、はいサヨナラ』というわけにはいかないときもある。それで、早朝・夜間などは代表のわたしや理事がボランティアで穴埋めする。若いスタッフにミッションを共有してほしいが、難しい」

その議論を聞いていて思いました。ミッションの実現＝働きがいと考えれば、NPOの経営感覚はミッションが六割以上。一方、ミッションを意識している企業を「社会的企業」と呼ぶとすれば、社会的企業にとっては稼ぐこと＝食べていくことが六割で、そのうえでミッションの実現を目指す。NPOと社会的企業の経営感覚は少し違うだろう。

また、一般企業と社会的企業の違いは何なのだろうとも考えました。「稼ぐこと」で働く人が「食べていく」のは、一般企業も社会的企業も変わりません。違いは、利益が出たときにどうするかです。

一般企業は、利益を経営者の役員報酬や出資した株主に配当金として支払います。

社会的企業は、働く人たちへの配分と共に、自らのミッションの実現に再投資します。

一般の中小企業では、ほとんどが出資者（株の所有者）＝会社の役員です。出資者への配当は、ほとんどありません。配当をしても会社の経費として認められないので、経費として認められる役員報酬にするからです。株式市場に上場している大企業と違って、出資金＝株を市場で売買することもありません。

そう考えると、ＮＰＯと社会的企業と一般の中小企業の違いはかなり曖昧《あいまい》になります。ＮＰＯといえども、有給スタッフをかかえれば企業と同じ経営責任が求められます。社会的企業といえども、社員の生活を守らなければなりません。一般の中小企業も、地域社会の一員としてのミッション（社会的使命）を果たしています。

わたし自身、企業の経営者であると同時に、ＮＰＯの理事も務めています。さらに、協同組合の役員もやっています。それぞれ立ち位置は違うのですが、共通するのは「地域で共に生きる」ということです。立ち位置の違いよりも、地域で共に生きる仲間としてお互いの関係を深めることが、未来につながると思うのです。東日本大震災以降、とくにそう感じるようになりました。

ＮＰＯ、中小企業、社会的企業、協同組合が、地域という「海」で「共に生きていく」というのが老人の思いです。

福島から「フクシマ」への旅——二〇一一〜二〇一八

思い出の地

地中から這い出したアブラゼミの幼虫が、裸電球の光の下で青白い肢体へと変身する様子を息を凝らして見つめていました。その年、一〇歳のわたしと九歳の弟は、福島県二本松市でひと夏を過ごしました。二本松市を見下ろす安達太良《あだたら》山へ生まれて初めて本格的な登山を経験したのも、その夏です。

高校生になって山岳部に入り、東京から北海道へ移り住んだのも、その夏の出来事が影響を与えていたかもしれません。そのときお世話になったお寺の住職で、付属幼稚園の園長でもある友人とは、その後も折に触れてお付き合いが続きました。

二〇一一年三月の東京電力福島第一原子力発電所の事故から間もなく、電話の向こう側から友人の声が返ってきました。

「何が本当のことなのか、分かんなくなっちゃった。息子夫婦と孫たちは新潟県に避難しているよ。いまここにいるのはオレひとり」

二本松の幼稚園――二〇一一年初夏

それから三カ月。どうしているのか気になっていた六月下旬、二本松を訪れました。懐かしいお寺の山門が見えてきました。道端にたくさんの花が咲いています、ツバメも飛び回っています。ちょうど下校時間なのでしょう、数人の子どもが歩いていました。初夏にマスクを付けている子どもが目立つことを除けば(全員がマスクをしていないことにむしろ驚きましたが)、何も変わりません。後で『福島民報』を見ると、そのときの二本松市の空間放射線量は毎時一・二マイクロシーベルトでした。

「なんでまた、わざわざ来たの? ほら、このとおり元気だよ」

笑いながら福島弁で、友人は迎えてくれました。新潟に避難していた息子夫婦と孫たちも五月の連休に戻ってきたそうです。しかし、玄関には使い捨てマスクのボックスが二つ置いてあり、テーブルの上には放射能測定器が置かれています。

幼稚園へ向かいました。

「園の庭は行政が削って除染した。でも、寺の境内はしてくれない。『境内にも子どもたちは来るよ』と言ってもダメ。それで自分たちで除染した。除染した土は『東京電力が取りに来るから置いておけ』としか、行政は言わない。仕方なく、穴掘って埋めてあるよ」

そう言いながら、掘り出した土山を指差しました。その掘り出した土の分だけ、放射能で汚染された土が地中に埋まっているのです。

幼稚園の目と鼻の先にあるその土地は、この先どうなるのでしょう。汚染土があるかぎり、子どもが立ち入らないように、だれかが掘り返さないように、ずっと見張っていかねばなりません。いま幼稚園に通っている子どもがおとなになり、その子どもが幼稚園に通うようになったとき、「ママ、どうしてあそこに入っちゃいけないの？」と聞かれる日が来るのでしょうか。

「この事故があるまで、原発はあって当たり前。何の疑問も持っていませんでした」

そう口をそろえるのは、友人の長男で寺の副住職を務めるMさんと、次男で幼稚園の副園長を務めるAさんです。ともに、幼い子どもを持つ三〇代。二人はこの夏、「豪華客船で行く‼北海道夏休みご招待プロジェクト」を実施しました。呼びかけ文にはこう書かれています。

「仙台仏教青年会では、子どもや女性が、少しでも放射能から守られることを願い、避難・疎開のご紹介、支援を行っています。この夏休み、福島の子どもたちのために、北海道の寺院・教会・関連施設を開放します。放射線数値の低い環境での一週間以上の生活が子どもたちの免疫力を高めます」

「豪華客船で行く‼」というのはナンカ変！と思いましたが、後から理由が分かりました。当初は、いかに子どもたちが放射線の影響を受けやすいか、避難することがいかに重要かに力点を置いた参加呼びかけ文を配ったそうです。しかし、なんと一人の応募もなかった！

二本松市でも、避難できる人はすでに避難しました。いま残っているのは、避難したくても

園児からの保養のお礼状（2011年９月）

いろいろな理由があって避難できない人か、「一〇〇マイクロシーベルトでも大丈夫」という福島県の放射線健康管理リスクアドバイザーの暴言を信じている人です。

「そういう人たちに、いくら理屈を言っても無理。『タダで北海道旅行に行けるよ。子どもたちも外で遊べるし、身体にもいいらしい。だから行こうよ』と呼びかけなさい」と助言したのは、二人のお連れ合いだったそうです。命の問題になると、女性はやっぱりスルドイのです。

そして、「豪華客船で行く‼」のチラシを配ったところ、定員七〇人をはるかに超える一八〇人の親子の応募があり、二人は急きょ宿泊先の確保に走り回りました。

「福島市や郡山市もそうですけど、国指定の避難区域でない地域の人たちは、避難してもなんの補償もなく、放射能と暮らすことを強いられています。子どもには福島県産の野菜は食べさせていません。でも、お寺の檀家さんがほとんど農家さんで、ワラビなんか持って来るんだよね。そんなときは『クソ放射能！』と言いながら、自分たちはバクバク食べるよ」

避難の支援もさることながら、国に避難区域の拡大をさせることが本当に必要だと、このとき思いました。

シンチレーションカウンター――二〇一一年秋

その夏、約一〇〇名の親子をサマーキャンプで札幌に送り出した友人の幼稚園を、一〇月末に再び訪ねました。

入口の山門には、幼稚園内の五カ所で測った放射線量が掲示され、数日おきに更新するそうです。園庭や通園路に積もった落ち葉は毎朝集めて、袋詰めします。そのために、圧縮空気の力で落ち葉を吹き飛ばしながら集める機械を自費で導入しました。集めた落ち葉は、市の焼却施設に自分たちで運びます。落ち葉に付いた放射能は、焼却灰に濃縮して残るでしょう。しかし、子どもたちがいる場所から少しでも離すしか方法はないのです。

幼稚園の屋根を高圧洗浄機で洗い流していました。何度も何度も洗ったそうです。それでも、あるレベルからはなかなか放射線量が下がりません。

「塗料がハゲて錆びたところに放射能が付着すると、洗っても洗っても落ちないんです。屋

根の葺き替えが必要かもしれません」

長い闘いが続いています。

二本松市では多くの家の庭先に柿の木が植えられていて、二〇一一年は「豊作年」。どの木にも、夕焼け色に熟した実がたわわに実っています。でも、その柿をだれも採ろうとはしません。

「柿の実をシンチレーションカウンターで測定すると、一〇〇ベクレルなんだよ。このへんは干し柿づくりが盛んなんだけど、干し柿にすると八〇〇ベクレルぐらいになっちゃう」

今日は土曜日。Mさんの四人の子どもたちは家にいます。窓の外には秋晴れの清々《すがすが》しい光が注いでいますが、だれも外へ出ようとしません。居間でじゃれ合っているうちに兄弟ゲンカが始まりました。一歳のすえ息子は泣き叫んで、母親にすがります。放射能が、子どもたちもおとなたちも重苦しく包んでいます。

「サマーキャンプの後、数家族が県外へ避難しました。みんな避難して幼稚園が閉鎖になるのが、本当はいいんです」

Mさんの重い言葉です。南相馬市の警戒区域（原発から二〇キロ圏内で、立入禁止）の境界線まで行きました。そこの放射線量よりも、二本松市・郡山市・福島市の一部は何倍も高いのに、行政はなぜ子どもたちを避難させないのでしょう。わたしには一つの答えしか見つかりません。それは、「子どもの数が多すぎて、避難させられないから」です。

その幼稚園では、冬休みには愛知県での保養を企画します。また、自分たちが食べるものの放射線量を自ら測るために、シンチレーションカウンターを二本松市郊外の岳《だけ》温泉に、スペースを確保して設置しました。放射線問題に取り組むNPO法人も設立しています。

集めても片付けても捨てる場がない

原発事故が起きた翌年の二〇一二年。友人が経営する幼稚園には、前年の秋にはなかったものが二つ増え、あったものが一つなくなっていました。

増えた一つは、葺き替えられた屋根と、そこに設置された太陽光発電パネル。屋根は何度も除染を試みたものの、ついに納得できるところまで放射線量を下げることはできなかったそうです。高圧洗浄機で必死に洗ったという若者は、「錆びに染み込んだセシウムはなかなか落ちないんですよ」とこぼしていました。

園庭のモニタリングポスト。このときの数値は
毎時0.248マイクロシーベルト(2012年)

増えたもう一つは、放射線モニタリングポストです。庭に常時放射線量が表示されるモニタリングポストがある幼稚園なんて考えられますか？　世界中探しても福島だけに違いありません。

なくなったものは、庭の東側にあった太い桜の木。樹皮に染み込んだ放射能を取り除くことができなかったそうです。自らの手で切った友人は、「切った後、手が赤く腫れあがった。よほど切られたくなかったんだろうな」と、皮が剥けてボロボロになった両手を見せながら寂しそうに話しました。

そうした苦闘の結果、幼稚園周囲の空間放射線量は毎時〇・二マイクロシーベルトまで下がりました。二本松市内では最も低い線量だそうです。もちろん事故前と比べれば高いのですが、関係するすべてのおとなたちの合意と総合的判断で、子どもたちは裸足で庭に出て遊んでいます。

幼稚園の隣には、経営母体のお寺があります。裏山には墓があり、雑木林や竹林に囲まれています。放射能測定器を借りて歩くと、毎時〇・七〜一・五マイクロシーベルトという高い値が表示されました。年間被曝量に換算すると三〜六・五ミリシーベルトにもなってしまいます。

わたしの除染スタイル

「すべてを除染するのは無理ですが、放射性物質を多く含んだ去年の枯れ葉だけはなんとか取り除きたい。裏山の放射能の侵入から子どもたちを守りたいのです」

その呼びかけに応じて、生まれて初めて除染を体験しました。持参した作業着は、「放射能が付きやすい」という理由で使えませんでした。支給されたナイロン製の新しい上下の雨具に長靴。頭はタオルで覆い、マスクを着用します。渡された道具は、落ち葉をかき集めるための熊手（レーキ）と、畑の除草などに使う小さな鍬《くわ》。さらに、集めた土混じりの枯れ葉を入れる土嚢《どのう》と放射能測定器。

ご想像のとおり、作業はいたって単純です。しかし、立木の密生した急な斜面で膨大な枯れ葉を集める作業は、思った以上にはかどりません。一人の作業量としては、一日がんばっても畳八枚分くらいでしょうか。この裏山を全部やるとなると、考えただけでも気が遠くなりそうです。

しかも、集めた枯れ葉の行き先をどうするかという問題があります。土嚢の山に測定器を近づけると、原発事故から一年以上が経っているのに、三・五マイクロシーベルトにもなるのです。二本松市内には中間貯蔵施設がありません。集めても、片付けても、捨てる場がない！

作業を終えて、裏山からお寺の裏庭に降りると、庫裡《くり》(住まい)が建っています。雨樋《あまどい》の下などが放射線量が高いと報道で何度も見聞きしていたので、その下に測定器を置いてみました。すると数字はドンドン上がり、「ピー」という甲高い音がして「〇」という表示が点滅。最初は「壊れたかな?」と思いましたが、「線量が高すぎて振り切れてしまったのだ！」と気が付きました。その測定器は、一〇マイクロシーベルトまでしか測れなかったのです。

長靴についた泥にも手袋にもタオルにも、放射能が付着しています。それらを集めて測定器を近づけると、〇・四マイクロシーベルトでした。「ツルツルしている材質なら、洗えば放射能は落ちる」と言われ、上下の雨具は再利用することにしましたが、手袋とマスクとタオルは「放射性廃棄物」として処分。「ごみがごみを呼ぶ」という放射性廃棄物の本質を実感しました。

原発事故から七年が過ぎた二〇一八年時点で、除染廃棄物は約一四〇〇万㎥（環境省）。行き場のない廃棄物は、九五〇カ所の仮置き場や一〇万カ所にも及ぶ学校や住宅の庭先などに「貯蔵」されています。

政府は、散らばっている放射性廃棄物を中間貯蔵施設に集めようとしています。しかし、大熊町と双葉町にまたがる予定地の地権者は二三六五人もいて、建設に同意しているのは六六％（二〇一八年一一月時点）だそうです。政府は「三〇年間は中間貯蔵施設で、その後は最終処分場に廃棄物を移す」としています。でも、その言葉を信じる人は、当の政府の担当者を含めてだれもいないのではないでしょうか。

捨てられないものは作ってはならない

そもそも「除染」という言葉が間違っていると言われます。本質は、放射能に汚染された土壌などを他の場所に移すだけの「移染」です。焼いても水に流しても、なくならない放射能。「移染施設」から漏れ出すことも当然、心配されます。

放射性廃棄物にかぎらず人類のごみ処理の歴史は、技術がいかに発達しようと、結局のところ「土に捨てるか、海に捨てるか、空気中に捨てるか」しかありません。とすれば、捨てられないものは「作ってはならない」のです。「作ってはならない」ものとは、人工放射能であり、ダイオキシンをはじめとした生命に有害な人工化学物質であると知るべきでしょう。

福島原発事故による放射能汚染は、再生資源業界にも影響を与えました。全国で回収されている古紙の約二〇%が国内でリサイクルしきれず、中国・韓国・タイなどに輸出されています。主な輸出元は関東地方です。福島原発事故後、その輸出がストップしました。主な輸入国の中国で、規制を超える放射能が検出され、古紙が船ごと戻される（シップバック）という事件が起きました。鉄製の輸出コンテナが航行中に汚染されたためです。関東・東北地方からの古紙輸出はストップし、東京の古紙問屋には在庫が山積みになりました。

鉄の汚染も発見されました。鉄くずを利用して鉄筋や鉄骨を造る鉄鋼メーカーを「電炉メーカー」と呼びます。最初に高圧の電気で鉄を溶かして、リサイクルするからです。電炉メーカーの鉄くず受け入れゲートには、原発事故以前から放射能測定器が取り付けてあります。理由は、放射能を扱う病院や事業所から回収された鉄くずに放射能が混入する事件が過去に何度も起きたからです。台湾では、コバルト60という放射能が混入した鉄筋がマンションに使われるという事件が起きました。発覚したのは、そのマンションに一〇年以上暮らしていた住民が体調不良を訴えたためです。

関東圏にある電炉メーカーの放射能測定器は事故後、福島第一原発から放出された放射性物質によって鳴りっ放しになってしまい、鉄くずの受け入れができなくなり、操業がストップしました。この先、放射能に汚染された鉄筋が造られないことを祈っています。

こうして、放射能汚染がリサイクルをストップさせることが分かりました。有機農業、自然エネルギーの利用や地域循環型社会をこつこつ積み上げる努力も、原発事故は奪ってしまいます。原発と暮らしの両立などできないのです。原発を止めて、ごみがごみを生まない未来、循環が成立しうる未来を生きたいと思います。

悩み続ける親たち――二〇一四年夏

苦しく困難な除染を繰り返し、ようやく子どもたちが走り回れるようになった二本松市の幼稚園の庭には、一本の菩提樹の大木があります。原発事故から三年目の春が巡ってきたある日、菩提樹がたくさんの薄黄色の美しい花をつけました。Mさんが異常に気づいたのは、そのときです。園庭に設置したモニタリングポストの空間放射線量が突然、上昇しました。

「園庭の端には、除染で行き場を失った汚染土が埋めてある。おそらく菩提樹の根がそこまで伸びて、放射能を吸い上げたのだろう」

これが事故から三年も経ったある日の現実です。一五歳以下の福島の子どもたちには全員、半年に一回ほどシャープペンシルの芯ケースくらいの小さな精密機械が配られます。外部から浴び続ける放射線量の一定期間の総量を測る「積算線量計」です。Mさん宅の食卓テーブルに置かれた二つの積算線量計は、四歳と八歳の子どものものです。首から掛ける小さな布袋に入れて、二四時間持ち歩きます。測定期間である二〜三カ月間、保護者は一時間ごとに子どもの行動記録を書きとめねばなりません。親も大変な負担を強いられます。

あるとき、Mさんのお連れ合いが二人の子を連れて愛知県に旅行しました。ふと気づくと、二人とも積算線量計を首からぶら下げています。

「ここでは、それははずしていいのよ」と言うと、子どもが答えたそうです。

「ここは除染したから、もういいの?」

一年前に訪れたとき、モニタリングポストの空間放射線量の数値は〇・二マイクロシーベルトでした。今回は〇・一まで下がっていました。繰り返し行った除染作業の成果でしょう。数台常備されている携帯用の放射能測定器の一台を借りて、周囲を散歩してみました。測定器の数字を見ながら、小鳥のさえずる林に入ります。すぐに数字が上がり始めました。〇・三、〇・四、そしてついに〇・八マイクロシーベルト。

友人はここでニホンミツバチを飼育していました。事故後採れた一〇〇ベクレルに汚染された蜂蜜《はちみつ》をあえて「おみやげ」にもらいました。そのビンには「一〇〇ベクレル」と書かれてあり、いまもわたしの自宅に保管しています。

幼稚園では毎月一〇日と二〇日に、子どもたちの親が運営する「青空市」を開いています。「少しでも汚染されていないものをせめて子どもたちには食べさせたい」という親の思いで、事故直後から始まりました。ここには、全国の支援者から米や野菜が送られてきます。

福島県の放射性セシウム検査をクリアした米や野菜は、近所のスーパーでもたくさん売られています。しかし、サンプリング検査で、全量が検査されているわけではありません。そこに不安が残ります。子どものためにと県外産地のものを求め、青空市には約二五〇家族が殺到。市外から車で来る家族も多く、幼稚園周辺の道路が渋滞するほどだそうです。

わたしも、北海道伊達市で農業を始めた娘のところで採れたほうれん草とブロッコリーを送りました。夏にはトマトを送る予定です。

放射能の影響を少しでも軽減するために、子どもを春夏冬の休みに県外に一時避難させる「保養」も続け、三年目の二〇一四年は北海道東川《ひがしかわ》町のお寺で実施しました。ただし、様変わりし始めているそうです。幼稚園に子どもを通わせるあるお母さんは、働きながら毎年連れて行っていました。職場も理解を示し、「行っといで」という感じだったそうです。でも、一四年は違ったと言います。

「まだ行くの？　もう三年も経ったし、いいんじゃないの」

こうした反応は、職場だけではありません。子どもの健康を思って保養に出したい母親は、同様の反応を夫や親、親戚やご近所や友人からも受けて、孤立させられがちだそうです。そのせいか、福島県外に出かける子どもたちが目立って減っていると聞きました。札幌でも全国各地でも、福島の子どもたちを受け入れる活動は続いています。しかし現地では、保養もままならない事態に追い込まれているのです。

Mさんのお連れ合いと台所のテーブルを挟んで話しました。隣の部屋には大きなベッドとテレビがあります。幼い子どもたちはテレビに夢中です。外は初夏の青空が広がっているのに、まだ自由に外で遊ぶことができません。震災後大きな余震もあり、家族はこの一部屋に集まって寝起きしてきました。また、放射能に汚染された自宅では、この部屋の放射線量が最も低かったそうです。余震が収まりましたが、家族はいまだにこの部屋で寝起きしています。

原発事故直後、家族はバラバラになりました。父親だけを残し、家族は新潟県に避難。三カ月後、「バラバラになった家族を取り戻したい」との一心で「フクシマ」に戻りました。

「放射能の影響だけを考えたら、福島でないところに住んだほうがいいに決まっています。でも、家族がバラバラになり、仕事も地域の人間関係もすべて失って、知らない土地へ避難という道を選ぶのは、なかなか難しいのです。この選択が子どもたちにとって正しかったのか？『家族みんなで暮らしたい』というわたしのワガママなのではないかと、毎日毎日不安のなかで考え続けています」

三年後もなお放射能汚染に曝され続ける子どもたちの現実と、それに悩み続ける親たちの現実が、福島にはあります。野菜を送ったり、保養に招いたり、市民ができる支援はあります。しかし、それだけでは、この現実を乗り越えていけません。「国の責任で子どもたちを疎開させることを改めて国に求めたい」というのが、わたしの思いです。

闘いは続く——二〇一六年初夏

朝目覚めてベランダへ出ると、初夏のまぶしい緑が建物を包んでいました。数羽の小鳥がさえずりながら飛び交い、木々の間には白い蝶が舞っています。やや離れたところからは、鶯《うぐいす》の鳴き声も聞こえます。宿泊した福島県男女共生センターの静かな、のどかな朝です。

道路を挟んだ向かいには、二本松北小学校があります。福島第一原発の爆発事故の直後、校庭には自衛隊のヘリコプターが爆音とともに突然、降り立ちました。何も知らされていなかった市民は、呆気《あっけ》にとられると同時に、大きな不安に襲われたと言います。男女共生センターは、原発近くから逃れてきた人びとの衣服や靴に付着した放射能を除染する場所として使われました。いまは何事もなかったように静まり返っています。

友人が経営する幼稚園の庭には、新たにフリークライミングができるコンクリート製の壁が造られていました。運動不足になりがちな子どもたちのための遊具です。加えて、もうひとつの目的があります。それは、いまだに除染されていない裏山からの放射能に汚染された枯れ葉の侵入を防ぐためです。

二〇一六年も、放射能測定器を借りて裏山を歩きました。空間放射線量は二年前の半分程度に下がっていましたが、枯れ葉の積もった場所に近づけると〇・五マイクロシーベルトと表示されました。これは札幌市の約一三倍になります。幼稚園の庭のモニタリングポストは〇・〇八ですが、繰り返し除染をした場所以外はまだ放射線量が高いことが分かります。

日本甲状腺学会（山下俊一理事長：当時）は、エコー検査の専門医に「自覚症状がない場合は、検査をしないように」という通達を出しました。そのため、自主的な検査を求めても、ほとん

どの医者が「自覚症状がないなら検査は必要ない」という姿勢だということです。

一方で、福島県では二巡目の甲状腺検査が進行中ですが、友人が幼稚園の子どもたちの検査時期を県に問い合わせると、「一年半後」という答えが返ってきたそうです。しかし、周知のように、福島県内では甲状腺がんの子どもたちが多発しています。茨城県でも、子どもの甲状腺がんが確認されました。

子どもたちを放射能から守るために友人たちが結成したNPO「チーム二本松」では、食べものに含まれる放射線量を測るシンチレーションカウンターと、身体に取り込まれた放射線量を測るホールボディカウンターを、寺の宗派の支援を受けながら、自前で導入してきました。そしていま、エコー検査機の導入を検討しています。

「原発事故をなかったことにしようというすごい圧力をひしひしと感じている。一生をかけた闘いです」

友人は口を固く結びました。

八年目の秋の真実

「今年も夏のキャンプ、できなかったんだぁ」

一年ぶりに再会した友人は、そう話し始めました。定年退職後の彼は、子どもたちに自然の中で過ごす術を教えてきました。そして、子どもたちと遊ぶキャンプ場を何年もかけて手作りしてきたのです。しかし、原発事故で撒き散らされた放射能のために、八年目に入った二〇一八年の夏も、手作りのキャンプ場は使用できません。彼は、かつて一緒に遊んだ子どもたちの思い出を蘇《よみがえ》らせるように、次から次へと話しました。

かつて高村智恵子が「ほんとの空」と呼んだ安達太良山が、澄んだ秋空の下にくっきりと目に迫ります。安達太良山は、鉄山《てつざん》、鬼面山《きめんざん》、和尚山《おしょうざん》とともに、連峰を形成しています。小学生のときからその峰々に春夏秋冬と登ってきたわたしにとって、懐かしい故郷の山です。

その裾野に、学校の校庭ほどの運動場があります。チーム二本松のメンバーが懸命に除染したところです。二本松の子どもたちにとって、野外の広い場所で遊ぶことは、常に放射能リスクと隣合わせ。「子どもたちを思いっきり外で遊ばせてあげたい」というのが、おとなたちの切実な思いです。

年に数回、子どもたちはここで走り回り、飛び回り、思いっきり身体を動かします。その前日には、放射能測定器を持ったおとなたちがグランドに集まります。地中に浸み込んだ放射能は木々が吸い上げ、葉には放射能が溜まります。落ち葉や風に運ばれた放射能は、取り除かねばなりません。智恵子の「ほんとの空」は、いつ戻ってくるのでしょうか。

「今年の柿はどうだった?」と聞くと、「今年もダメだぁ」という答えでした。持ち込まれた柿を測定すると、高い数値のものも低い数値のものもあるそうです。放射能による汚染がまだら模様になっていることが想像されます。最近は、原木で自家用に作ったシイタケから非常に高い数字が検出されたそうです。

あるとき、チェルノブイリ原発事故後の状況を伝えるために来日したロシア人が二本松を訪れました。野山の木の実やキノコを採る昔ながらの暮らしをしている彼の要望で、ホールボディカウンターで計測したところ、非常に高い数値が出たそうです。彼の住まいは、現在の飯館《いいたて》村の汚染と同じレベルです。チェルノブイリ原発事故からは、すでに三〇年以上が経っています。この先も、長いあいだ放射能に囲まれて暮らさなければなりません。友人は、子どもの甲状腺がんだけでなく、おとなの甲状腺がんも増えていると言います。

福島県内にある学校・幼稚園・公共施設を中心に設置されたモニタリングポストは、現在約三〇〇〇基。それを撤去しようという国の動きが広がっています。友人の幼稚園にも国の担当者が来ましたが、彼は撤去を拒否しました。

福島第一原発では今後、溶け落ちた炉心のデブリ(溶融し、冷えて固まった燃料)や燃料棒の取り出しが予定されています。もしその作業に失敗したら……。いま、なぜ撤去しなければならないのか？　二〇二〇年の東京オリンピックまでに、「原発事故はなかったことにしよう」という意図が透けて見えてきます。

友人が檀家さんの家に車を走らせていたとき、「放射性残土の国道埋立絶対反対！」の看板を目にしました。国道沿いの一軒の農家が立てたというので、その農家に話を聞くと、近所の農家六軒に「国道の路盤材として残土を埋め立てる」という説明があったそうです。除染で出た残土は中間貯蔵施設で三〇年貯蔵後に、福島県外に持ち出すことになっています。しかし、その量は膨大で、すべてを貯蔵施設で保管することは困難です。

そこで、国は放射能を一定レベルで裾切りし、それ以下は「放射性物質ではない」ことにしようとしています。今回、それが国道に埋められようとしたのです。農家の看板がなければ、二本松市のほとんどの住民はこのことを知る由《よし》もなかったと言います。その後、この事実が市民に知れわたり、残土の埋め立ては中止されました。

友人の自宅には薪ストーブがあり、野外にはピザなどを焼く窯があります。爆発事故前は、近くの山から豊富に切り出された薪を使用してきました。でも、いまは使うことができません。窯に残った灰に、高濃度に放射能が濃縮するからです。

放射能に囲まれた暮らしの、なんと息苦しいことでしょうか。

これが八年目の秋の真実です。

千年のごみ、万年のごみ

縄文時代のごみ捨て場

青森市郊外にある国の特別史跡三内丸山《さんないまるやま》遺跡を訪ねる機会を得ました。これまでの調査で、その地には大集落があったことが分かっています。約五五〇〇年前の縄文《じょうもん》時代から、一五〇〇年間もの長きにわたって栄えたと言われます。古都として名高い京都だって、平安時代だから一二〇〇年ほど前。福岡市の博多は二〇〇〇年前から港湾都市で、日本最古とも言われますが、その三〇〇〇年以上も前から人びとが集まっていた縄文都市があったとすれば、驚きですね。

三内丸山遺跡のなかでもとくに有名なのが、超大型の堀立柱建物跡《ほったてばしらたてものあと》。復元された構造物は直径一メートルの栗の大木六本によって建てられている長方形の櫓《やぐら》で、高さは約一四メートルもあります。この遺跡の発見によって、「未開の縄文時代」というイメージが大きく塗り替えられました。調査された二四ヘクタールの遺跡(未調査の部分が多い)には、この櫓以外に五五〇棟の竪穴住居や東南アジアにあるロングハウスのような大型竪穴《たてあな》式住居跡なども発見され、今後さらなる大発見の期待がかかります。

そうした構造物の遺構と並んで、古代の暮らしや習慣を知る重要な手がかりが二つあります。一つは墓。そしてもう一つは？　そうです！　ごみ捨て場にほかなりません。今も昔も、人間がどんなに立派なものを作り出しても、いずれはすべてがごみになるわけです。

三内丸山遺跡にも大規模なごみ捨て場が三カ所あり、さまざまな遺物が発見されています。土器や土偶は当時の文化を伝え、動物や魚の骨、植物の種子や花粉からは当時の自然環境や食生活がうかがえます。翡翠《ひすい》や琥珀《こはく》や黒曜石《こくようせき》は、五〇〇〇年の昔に海を越えた遠方との交易があったことを示しています。そして驚くことに、それらが発見されたごみ捨て場は千年間も使われていたそうです（札幌市の場合、ごみ捨て場が使えるのはあと一〇年か二〇年と言われています）。

最近の学説によると、このごみ捨て場は「モノ送りの場」という説が有力です。貝塚《かいづか》ってご存じですよね？　古代のごみ捨て場とされていましたが、仔細に見ると、洗われている貝殻が規則的に積み重ねられています。洗いもせずに捨てられた貝殻は原型をとどめず、五〇～一〇〇年で土に還るそうです。つまり、貝塚の貝殻は単に捨てられたモノではなく、丁寧に洗われて積み重ねられ、「埋葬されたモノ」ということになります。

古代の人びとは、日常触れ合う「モノたち」には「精霊が宿る」と考えていました。中身を食べ終わった貝殻さえ、「大いなる・神なる自然に還す」という究極の循環思想を持っていたようです。三内丸山遺跡のごみ捨て場からは、土偶や翡翠などもたくさん発見されます。それは、まさに「モノ送りの場」であったことを示しているのだそうです。

千年のごみプラスチック

千年後の子孫は、われらが「ごみ捨て場」を発掘してどう思うのでしょうか？　そこに文化を発見してくれるのでしょうか。

現代文明の象徴的なモノは、プラスチック製品です。買い物をして夕食を作った後には、あふれるばかりのビニール袋やプラスチック容器が残されます。そうした容器包装プラスチックはかさばり、家庭ごみの半分以上を占めます。

プラスチックは分解しないことで知られていますが、粉々にはなると言われます。たとえば、資源リサイクルの現場でよく使われるフレコン（フレキシブルコンテナの略称）バッグと呼ばれるプラスチック製の袋は、野外に置いておくと、紫外線の影響で劣化してボロボロになります。プラスチックの種類にもよりますが、土中に埋めておくと劣化は遅いようです。それでも、五〇〜一〇〇年でボロボロになるでしょう。

しかし、「土に還る」わけではありません。土に還る、つまり自然に還るためには、微生物がその身体に取り込んでウンコとして排出されなければならないからです。でも、石油から化学合成されたプラスチックを食べてくれる微生物は存在しません（存在し、海に漂うプラスチックを分解しているという説もありますが、それが生態系に影響していないか心配です）。

千年後には、おそらく石油から合成されたプラスチックは存在しないでしょう。石油が枯渇するか、温室効果ガスによる気候変動問題で使わなくなっていると予測されるからです。千年後にわたしたちの時代の「ごみ埋立地」を掘り返した子孫たちは、粒子になったプラスチック製品しか目にできないでしょう。ただし、普通の土と何か違うことに気が付きます。そのとき、子孫たちがその「遺跡」をどう考えるかは分かりません。プラスチックに添加された合成化学物質や吸着された有害重金属が、子孫たちの世界の汚染源になっているかもしれません。

「プラスチックスープの海」がそれを示唆しているように思われます。紫外線などで微細に分解された大量のプラスチックが海を漂い、北太平洋ではまるでプラスチックのスープのようになっているそうです。

わたしたちが洗濯をしたとき、すすぎ終わった排水には微小なプラスチックが混入しています。たとえば、プラスチックの一種であるポリエステル繊維からできたフリース。洗濯すると、細かなポリエステル繊維が剥離《はくり》します。排水は下水道施設で浄化されますが、すり抜けた繊維は川に流れ込みます。川は海へ注ぎ、プラスチックのスープのような海をつくるのです。

現在、世界のプラスチックの年間生産量は約三億トン。その半分が、レジ袋やトレイに代表される使い捨て製品です。プラスチックスープの研究者は言います。

「プラスチック製品は単なるごみではなく、『有害廃棄物』とすることが求められている。生態系に入り込まないように厳密な廃棄物管理が必要」(チャールズ・モアほか著、海輪由香子訳『プラスチックスープの海――北太平洋巨大ごみベルトは警告する』ＮＨＫ出版、二〇一二年)

縄文時代後の日本列島は、朝鮮半島経由の大陸からの文化を反映した弥生《やよい》時代に移ります。ただし、北海道はそれとは異なり、アイヌ民族が縄文文化を受け継ぎます。その北の大地にある千年後のわが「ごみ捨て場」は、「愚かな先祖が汚染した土地」となるのでしょうか。

万年のごみ放射能

万年のごみとは、もちろん原子力発電所から発生する「核のごみ」です。ときには「一〇万年のごみ」とも言われ、わたしたちの子や孫、そのまた子や孫を放射線という生命にとって相容れない「自然」によって苦しめることになります。核物質の専門家・市川定夫さん（元埼玉大学教授）の言葉が忘れられません。

「かつて地球は放射線によって覆われていた。放射線は生命とは相容れない。だが次第に放射線が弱まり、その痕跡は地下に封じ込められた。そんなとき放射線から守られていた水中の生命が初めて地上に出ることができた」（市川定夫『環境学――遺伝子破壊から地球規模の環境破壊まで』藤原書店、一九九九年）

その封じ込められた死神を、ヒトと呼ばれる愚かな動物が掘り出しました。それは、生命の進化の歴史を自ら否定することにほかならないのではないでしょうか。地上に出ることができた生命を再び水中に戻すかもしれない放射線。わたしたちはいま、人類史、いや生命史における悔やみ切れない時代を生きているのかもしれません。現代のわたしたちに縄文時代の「循環と自然との共生」の思想は受け継がれているのでしょうか？　「モノを大切にする」ココロは受け継がれているのでしょうか？

「循環型社会形成推進基本法」という法律があり、そこではモノを大切にする思想が示されています。曰《いわ》く、「大量生産・大量消費型社会は深刻な問題を生み出している。廃棄物の効率的再利用が求められる」。ここでの課題は「効率的再利用」にあるのでしょう。そこには、「大量生産・大量消費を前提とした」効率的再利用という思惑が見てとれます。そうではない、現在の生産・消費の在り方そのものを問い直す思想が必要だと思うのです。

　あと千年後、そもそもわがまち札幌は存在しているのでしょうか？　ウーン……ひとつだけ言えるのは、ごみ捨て場を千年間使える、自然に寄り添った循環型の浪費のない社会を目指せば、千年後も存在している可能性があるということです。「千年のごみ」、そして「万年のごみ」という視点で、わたしたちは現代文明を見直すことが求められています。

濃密な経験——生き方を育て合った共同保育

ソウルのいまと四〇年前の自分たち

社会のさまざまな課題について、共に考え、議論する市民講座やワークショップを開講・運営してきた「さっぽろ自由学校『遊《ゆう》』」(http://sapporoyu.org/)。その設立一五周年記念の国際シンポジウムに参加し、予想以上の多様な出会いがあって、とても楽しい時間を過ごしました。海外からのゲストのみなさんにも親近感を感じて、それまで言葉でしかなかった「東アジア」に対して、「共に生きる地域」とでもいうべき実感を持つことができたと思います。

各地の報告のなかでわたしがとくに惹きつけられたのは、韓国ソウル市で「ソンミサン学校」を運営する柳昌馥《ユチャンボク》さんが語った「共同保育」という言葉です。

わたしはこの言葉に特別の思いがあります。というのは、四〇年ほど前の一九七〇年代から八〇年代にかけて、札幌の一隅で約八年間、共同保育による濃密な時間を過ごした経験があるからです。柳さんは、「都市の中の地域共同体で咲き出す小さな学校の話」というタイトルの講演で、次のように語りました。

「一九九四年に、共同保育協同組合第一号の『うちの子どもの家』を開きました。その後、学童保育教室を合わせて五つの共同保育協同組合が設立され、組合員は全部で一五〇世帯あまりになります。子どもたちを一緒に育てながら、親たちも親しくなって『だれの家にスプーンがいくつあるか分かる間柄』になりました」

また、見せていただいたビデオで、共同保育に関わるひとりの母親が語っていた言葉が印象に残っています。

「田舎では、親しい人たちがまわりにいたが、都会に出てきて寂しい思いをした。ここに来るようになって、田舎のような人間関係ができてうれしい」

社会のあらゆる場面で、人と人との関係が断ち切られ、希薄になってきていることが、繰り返し指摘されています。いま問題になっている少子化も、田舎のような人間関係がなくなった結果ではないでしょうか。親子関係のゆがみ、地域のつながりの崩壊、競争社会の不安と孤独。状況は、さらに悪化しているように思えます。そしてそのことは、日本だけに限りません。「あらゆるものの商品化を目指すことによる世界経済支配（グローバリゼーション）」によって世界的課題になっていることが、このシンポジウムで明らかになりました。

ソウルでの取り組みは、グローバリゼーションに対して「地域の新たな共同性の創造」を提示しています。その手始めが共同保育。かつてのわたしの経験を伝えることが、求められているような気がしました。

自宅出産から共同保育館へ

生まれたばかりの娘は、脈動するへその緒がつながったまま、母の胸に抱かれていました。母の心臓の鼓動に安心したのか、やがて足の指を吸い始めます。それを見つめる母のまなざしは、人間世界を越えた神の領域にあったのを、いまでも鮮明に憶えています。

眠い目をこすりながら起きてきた八歳の姉と四歳の兄が、じっと赤子を見つめてうれしそうにしています。出産に立ち会った友人たちも一様に、安堵の微笑みに包まれていました。やがて、へその緒の脈動が弱くなって止まりました。丈夫な糸で二カ所、数センチの間を空けて、しっかりとしばります。わたしは、しばった真ん中に手術用のハサミを入れ、何かに祈りながら切断しました。みんなみんな、かけがえのないひとつの命。そんな思いが自然と募りました。

「医療に絡めとられた出産から、自然の営みである出産を取り戻したい」という思いに共鳴する仲間たちの間で、一九七〇年代半ばから自宅出産に取り組む動きが広がりました。仲間には助産師の資格を持つ看護師もいて、妊娠中は産婦人科医の検診も受けながらの取り組みでした。わたし自身も末娘の自宅出産以前に、思いを共有する仲間の出産に五回も立ち会った経験がありました。

その経験を共有した仲間たちで、共同保育館「ばく」は始まりました。名前の由来は、悪い夢を食べて良い夢をもたらす想像上の動物である貘《ばく》からです。

共同保育は、数人の親が交代でお互いの子どもの面倒を見ることから始まりました。やがて一人増え、二人増えするうちに、専従者を置くようになります。わたし自身も一年間ほど、ばくで保父をしていたことがあります。当時、男性も国家資格の保育士試験を受けられるようになり、その第一期の受験生でした（学科試験はほぼ受かったのですが、声楽とピアノの単位が取れず、残念ながら資格は未取得）。

近年は「男も子育てを」と、「育メン」という言葉もできましたが、ばくの場合は「男こそ子育て」という雰囲気がありました。関わる男たち（親でない人もいた）の間では、「働き方をどうするか？」が大きな問題。「お金を稼ぐことに時間を取られるよりも、お金のかからない暮らし方をして、子育てを楽しもう。そして、子どもと一緒に自分も成長したい」という思いでした。「子育てを中心にした働き方」を模索していたのです。

それは当然、競争社会からの離脱・お金優先主義からの解放を意味します。現在のくず屋の仕事も、実は「大きな借金にしばられることなく、自分である程度仕事量を決められ、時間の自由を確保できる。子育てに時間を使うことができる」のが最大の理由で始めました。「半農半X」という言葉をもじって言えば、「半子育て半X」だったのです。

仲間たちの生き方

共同保育館「ばく」のおとなたちは、「○○ちゃんのお母さん、△△ちゃんのお父さん」ではなく、お互いをファーストネームやニックネームで呼び合いました。自然に子どもたちも、自分の親を含めて、おとなたちを名前で呼び合うようになります。わたしの場合は「イガくん」。「ヒガシ」の「ヒ」が子どもたちには発音しにくくて、そう呼ばれていました。

ばくに関わる男のひとりである「プーさん」は、もうひとつの働き方を模索するなかで、無農薬有機栽培野菜の八百屋を始めました。北海道では初めての試みです。数少ない有機栽培農家を一軒一軒訪ね歩いて野菜を仕入れ、当初は夏から秋の間だけ営業。冬は魚屋でアルバイトをしていました。

ある夏の夕暮れ、ぐずる息子を背中にオンブして、ばくから外へ出ました。すぐ近くにあったプーさんの家から、あたり一面に甘ーい香りが漂っています。一度に出荷されたイチゴが大量に売れ残って、大鍋でジャムを作っていたのです。

玄関を開けて部屋に入ると、部屋中がイチゴに埋まっていました。その日は夜遅くまでジャム作りを手伝い、夕食も一緒に食べて、どっさりジャムをもらって帰りました。プーさんの八百屋さんは、子どもたちの健康も守りました。

「ヤンマ」は、同じ無農薬有機栽培野菜でも、その生産者になりました。都会から田舎へのIターンの走りです。彼のIターンは、家づくりから始まりました。札幌の古民家を解体し、その木材を運んで家を建てようというのです。ばくの仲間たちは、解体から移設先の基礎の生コンクリート打ちまで、初めて家づくりに挑戦しました。それはまるで、むかし家を建てるとき、集落総出で手伝いをしたのに似ています。

家づくりの間は、近くのロッジに滞在しました。大学を退職した老教授が、若者の交流の場として自ら建てたロッジを開放していたのです。ぼくの仲間たちとその子どもたちは、都会を離れた満天の星空の下で語らい、そして深く眠りました。

ヤンマの作った野菜は、なんの調味料もいらない、とても味の濃い野菜でした。その味に惹かれたのか、幾人もの知り合いが一九八〇年代にIターンし、有機農業やパン屋を始めました。やがて、成長したばくの子どもたちのなかからも、ヤンマの住む村にIターンする若者が出現。ばくの孫たちは満天の星空の下で、いまも眠りこけています。

「サーさん」は、大学の水産学部を卒業して水産物の卸売り会社に勤めていましたが、辞めて一人親方の大工になりました。彼の息子の自宅出産に立ち会ったこともあります。サーさんは一時期、ばくの専従をしていました。そのとき、子どもたちに絶大な人気を誇ったのが、「たたかいゴッコ」です。おとなと子どもが、クンズホグレズたたかうのです。わたしなどは、たたかいゴッコを子どもたちにせがまれても、「今日はちょっと疲れているから、またね」などと断っていましたが、断らないサーさんは大人気でした。

実は、サーさんは武道家でもあります。かつて所属した大学の柔道部のコーチを長年務め、いまに至っています。柔道の世界で最も偉いのは「師範《しはん》」です。その実績が十分あるにもかかわらず、サーさんはその任に就くことを、拒むというより「受け流して」きました。肩書より

「道を究《きわ》めたい」というのが、彼の生き方。「柔《じゅう》よく剛《ごう》を制す」「気が優しくて力持ち」は、まさに彼のための言葉です。あるときのサーさんの語りが、いまでも印象に残っています。

「女性差別に問題意識を持っている人は他の差別にも敏感だが、それ以外の差別に問題意識を持っていても女性差別には鈍感であることが多い」

一九七〇年代、「頭で考えるよりも、自らの感性を大事にしよう」という訴えがされました。そして、「暮らしのなかで取り組むことを大事にしよう」とも。共同保育館ばくでは、食品添加物の入っていない食べものを選び、合成洗剤ではなく石けんを使うようにしました。そして何よりも、子どもたちとそれに関わるおとなたちとが濃密な時間を共有したのです。

ばくで育った当初の子どもたちは、すでに四〇歳を越えました。そのまた子どもも生まれました。わたしもすでに、二〇代と一〇代の孫がいます。プーさんにも、ヤンマにも、サーさんにも、孫がいます。

共同保育館ばくに関わったおとなたちのなかには、すでにあちらの世界に旅立った人もいます。しかし、ばくの経験は、いまでもそしてこれからも、そこで育ったおとなたちと子どもたち、そのまた子どもたちに、生き続けていくと思うのです。

「戦争を知らない子どもたち」から「戦争を知らない孫たち」へ

戦争と自分は無縁じゃない

大学生になった孫と、学校が休みの土曜の昼下がり、二人で天ぷらそばを食べながら、「日本が戦争をする国になるかもしれない」という話をしました。

「尖閣《せんかく》諸島って知ってる?」

「うん、知ってる。竹島も知ってるよ」

「日本はたくさんの人を殺したり殺されたりした戦争をしたことがあるけど、知ってる?」

「広島の原爆とかでしょ」

「そんなら憲法九条って知ってる?」

「知らない…」

学校で憲法九条を教えていないのかという疑念がムクムクと湧きました。

「戦争は絶対にしないと決めたのが憲法九条なんだけど、安倍総理大臣がいまその約束を破ろうとしてるんだよ。尖閣諸島の奪い合いで戦争になったら嫌だよね」

「ウッソ！　思うんだけど、そんなことになるなら半分にして分ければいいのに」というのが孫の意見でした。

その後「集団的自衛権の行使容認」が閣議決定され、二〇一六年には「安全保障関連法」が施行されてしまいました。

わたしが働く再生資源を回収する業界も、戦争と無縁ではありません。太平洋戦争が始まる前、日本の鉄鋼生産の原料はアメリカから輸入する鉄くずに依存していました。アメリカは一九四〇年、石油に次ぐ戦略物資として鉄くずを禁輸。戦争への道を直走《ひたはし》りしていた日本は、兵器の製造に必要な鉄、銅、アルミニウムなどの金属の不足に見舞われます。そこで、政府は国民に対してすべての金属製品の「供出」を義務付けました。

ＮＨＫの朝の連続テレビ小説『カーネーション』（二〇一一年度下半期放送）で、主人公・糸子の生業である洋裁になくてはならないミシンを「鉄くずとして供出せよ」と国防婦人会の恐いオバちゃんに迫られるシーンがありました。このドラマは、徴兵の理不尽や戦地から帰還した者の精神的な破綻などを描き、「戦争って本当に嫌だな」と思わせる反戦ドラマでした。

「勿体無《もったいな》い」という言葉があります。「勿体」というのは、もともと「物体《もったい》」という仏教用語だそうです。意味は、「その物が本来持っている物的価値」。その物的価値を十分生かしていないことを「勿体無い」と言います。二〇〇四年に環境分野で初のノーベル平和賞を受賞したケニア人のワンガリ・マータイさんが来日時にこの言葉に出会い、「MOTTAINAI（モッタイナイ）」を世界の環境運動の合言葉にしよう」と提唱したことは有名です。

しかし、この言葉が太平洋戦争中の一九四二年に、「勿体無いを生活実践へ」という大政翼《たいせいよく》賛《さん》会《かい》の標語として使われた日本の歴史を知ると、複雑な気持ちになります。

太平洋戦争終結のわずか五年後、一九五〇年に始まったのが朝鮮戦争です。開戦後に、鉄くずをはじめとした再生資源価格が高騰しました。当時の鉄くず価格は一キロあたり一五～二〇円。これは二〇一五年の市場価格とほとんど変わりません。

現在の大卒平均初任給は二一万円で、当時の六五〇〇円の約三二倍です。これを鉄くず一キロあたりに換算すると、四八〇～六四〇円になります。たとえば、鉄くずとして処分される古いスチール製の事務机は一台四〇キロ程度です。現在の相場では四〇〇～六〇〇円の売値ですが、一九五〇年当時では一万三〇〇〇～一万九〇〇〇円にもなります。現在の金銭価値では四〇万円以上になるのですから驚きです。

十数年前、再生資源の価格が暴落しました。わたしも一時は廃業を考えたほどです。そんな折、業界団体の集まりで先輩同業者がつぶやきました。

「朝鮮戦争のときは相場がすごく上がったんだよ。戦争でも起きてくれればな」

本気で戦争を望んでいたわけではないでしょう。でも、自分が殺し合いの当事者でなければ後ろめたさを感じながらもそれを「容認する感覚」があるとすれば、わたし自身も含めて戒《いまし》めねばなりません。

忘れられないベトナム戦争

一九五二年生まれのわたしにとって戦争の記憶と言えば、世界的な反戦運動が広がったベトナム戦争です。そのころ流行った歌が「戦争を知らない子供たち」(北山修作詞、杉田二郎作曲)。「戦争が終って 僕等は生まれた／戦争を知らずに 僕らは育った／おとなになって歩きはじめる／平和の歌を／口ずさみながら／僕らの名前を覚えてほしい／戦争を知らない子供たちさ」「平和の歌を口ずさみながら」、わたしも当時「ベトナムに平和を！市民連合(通称べ平連)」のフランスデモ(つないだ手を横いっぱいに広げて歩くデモ)に参加しました。べ平連の中心メンバーの一人・小田実《おだまこと》さんの著書である『世直しの倫理と論理(上下)』(岩波新書、一九七二年、『小田実全集』(講談社、二〇一〇年)にも所収)が大学の教科書に使われた時代でした。

このころの鉄くず価格は一キロあたり一〇〜一七円で、現在と同程度。大卒初任給は四万円で五分の一弱なので、現在の金銭価値に直すと一キロ五〇〜八五円になります。このころも、いまでは考えられない高額だったのです。

ベトナム戦争では、ごみ問題との関係で忘れられないことがあります。それは、米軍がゲリラの隠れ家を攻撃するためにジャングルの草木を枯らそうとした「枯葉作戦」です。大量に投下された枯葉剤にはダイオキシンが含まれていました。ダイオキシンは、化学物質として「史上最悪の毒物」と言われます。生殖遺伝毒性があり、人間を含めた生物の遺伝子を傷つけるのです。遺伝毒性による深刻な影響は、戦争が終わって四〇年以上が経つ現在でも、子どもたちと、そのまた子どもたちを傷つけ続けています。

暮らしの中のダイオキシン

そのダイオキシンがごみ焼却場から大量に発生していると、一九九〇年に大きく報道されました。ダイオキシンは塩素の化合物です。そのとき主な原因物質として疑われたのは、塩素を含んだ塩化ビニルや塩化ビニリデンと呼ばれる種類のプラスチック。さまざまな製品に使われていますが、最も身近な製品は食品保存に使われるラップです。

塩素を含んだプラスチックを燃やすと、毒性・腐食性の強い塩化水素という有害ガスが発生します。「焼却時に有毒物質を発生することはありません」などと表示されているラップもあり、塩素を含まないプラスチックで作られていることを示しています。こうした表示を見かけるようになったのは、ダイオキシン問題が顕在化してからのことです。ごみ焼却炉では、強力な酸性物質で有害な塩化水素を中和するために、莫大な費用をかけて石灰水を噴霧し続けています。

本来であれば、ダイオキシンの発生が問題になったとき、塩化ビニルをはじめとしたプラスチック製品の生産・消費のあり方そのものが問われるべきでした。しかし、そうはならず、「最新式の焼却炉で高温焼却すれば問題なし」とされたのです。果たして、本当に大丈夫なのでしょうか？

「ある問題が起きたとき、それを短期的に解決しようとすると、長期的には必ず失敗する」という経験則があります。ごみ焼却炉の問題は、まさにそれに当てはまります。

そもそも、焼却炉内でダイオキシンが大量に発生した場所は、電気集塵機という装置の中です。電気集塵機はもともと、焼却炉の排煙公害を防止するために設置されました。煙突から外へ出さないために電気集塵機に捕捉された細かい焼却灰を「飛灰《ひばい》」と言います。その飛灰から高濃度のダイオキシンが検出されたのです。

ダイオキシンは、八〇〇℃以上の高温燃焼では発生しにくいとされる一方で、高温では水銀や鉛などの重金属が排煙として飛散しやすいと指摘する専門家もいます。高温焼却による新たな問題が起きないか、心配されるところです。

資源を奪い合うグローバル経済から循環型の地域経済へ

ベトナム戦争後も、戦争は続いています。一九九一年の湾岸戦争、八九年〜二〇〇一年のアフガニスタン戦争、〇三年のイラク戦争……。イラク戦争時には、戦争が長引くと見た中国が直前に世界中から古紙を買い集め、市況が高騰しました。その後、予想よりも短期間で戦争が終わり、古紙価格は急落します。

循環型社会を実現するためのある市民集会で、こんな発言がありました。

「再生資源の回収業者のみなさんは、平和を守るために仕事をしています。戦争は資源の奪い合いで引き起こされます。再生資源の回収は、これを防ぐ役割を果たしているのです」

資源を奪い合うグローバル経済に対して、食料とエネルギーの地域自給を基本にした循環型の経済社会を創りだすことが、戦争へのリスクを減らすのに大いに役に立つのです。しかし、現在の世界では、食料やエネルギー、そして工業原料は多国籍企業に支配されています。

石油を使う化学肥料・農薬に依存した農業ではなく、地域の有機資源を利用した農業、循環と再生を前提にした地域林業、地域の光や風や水を利用した自然エネルギー産業。そこに再生資源を利用した地域工業が加われば、再生資源の回収は地域循環経済と世界の平和に貢献することができます。

日本平和学会によると、第二次世界大戦後に「集団的自衛権」を行使したケースは二〇一四年までに一五回。アメリカ軍によるベトナム戦争・湾岸戦争・アフガニスタン戦争、ロシア軍によるハンガリー動乱・チェコスロバキアへの派兵などです。「集団的自衛権の行使」とは、血塗られた歴史そのものです。世界の平和に貢献する道は、集団的自衛権の行使ではなく、アメリカの先住民族であるイロコイ族の格言に学んで、「七世代先の子孫のことを考えた循環型の地域社会」を創り出すことにあると思うのです。

若きミニマリストたちへ

もう、これ以上モノはいらないね

一〇年以上前に読んだ、ごみ問題をテーマにした『地球家族――世界三〇か国のふつうの暮らし』(マテリアルワールド・プロジェクト著、近藤真里・杉山良男訳、TOTO出版、一九九四年)という本に、印象に残る二枚のカラー写真が載っていました。住んでいる家をバックにした、日本とブータンの家族の写真です。

写真には、それぞれが持つ家財道具のすべてが家の前に並べられていて、そこに住む家族と一緒に写っていました。日本の家族の家には、「こんなにもモノが詰まっている」ことを改めて教えられるとともに、「これで十分幸せだよ」というブータンの人びとの声が聞こえてくるようでした。

「すべてのモノはやがてごみになる」という動かしがたい原則からすれば、「モノを多く持たないこと」がごみ問題の解決につながるのは、間違いありません。そして現代社会では、「やがてごみになる」の「やがて」が問題です。

たとえば、晩御飯の食材を買ってきて中身の肉や魚や野菜を取り出すと、プラスチックのトレイやラップや袋が数秒でごみになり、あっという間にごみ箱が一杯になります。衣類が貴重品だった時代には、繕《つくろ》ったり解いたりして長く大事に使っていましたが、今年着た夏服は来年の夏はもう着ない時代になりました。

国土交通省によると、日本の住宅の平均寿命は三〇年(イギリスは七七年、アメリカは五五年)。住宅ローンが終わったころ、建て替えやリフォームが必要になり、ごみがいっぱい出ます。一戸建て住宅を解体した場合には、二〇〜四〇トンのごみ(リサイクルされるものも含めて)が発生します。

ちなみに、札幌市民が一日に出すごみの量は約四〇〇グラム(二〇一八年)ですが、これを三六五日八〇年間出し続けると、約一一・七トンになります。耐久消費財の寿命は、自動車で一〇年弱、家電製品で一〇〜一三年と言われています。

わたしの母は二〇一三年に八三歳で亡くなりました。元気だったころよく言っていたのが、「もう、これ以上モノはいらないね」という言葉です。介護が必要になった母の居宅を片付けたとき、紙袋や包装紙、端切れがキチンと整理されて残されていました。「お客さんが来たときのため」なのでしょうか、寝具もたくさん押し入れに入っていました。

「このぬか床は、あなたのひいおばあちゃんから受け継いだ一〇〇年ものだよ」というのが母の自慢でした。そのぬか床の一部をわが家に持ち帰ったのですが……。結局はダメにしてしまいました。母は一九二九（昭和四）年の世界大恐慌の年に生まれ、極度のモノ不足に喘《あえ》いだ一九四五年の敗戦を一五歳で経験しました。その後、「所得倍増」「高度経済成長」「一億総中流」と、「モノが増えることが豊か」を実感として経験した世代です。

でも、「もう、これ以上モノはいらないね」と、ここ二〇年以上もらしていました。「モノを大切にするココロ」が失われるのが耐えられなかったのだと思います。

自分らしさを取り戻すために

「ミニマリスト」という言葉を知ったのは、数年前のことです。その少し前から、「断捨離」という言葉が流行りました。「もう、これ以上モノはいらないね」という母のつぶやきは、時代の言葉になったようです。

最近、『ぼくたちに、もうモノは必要ない。――断捨離からミニマリストへ』（佐々木典士、ワニブックス、二〇一五年）という本を読みました（増補版がちくま文庫から二〇一九年に出版）。「ミニマリスト」と自らを呼ぶ人たちは、「できるかぎり少ないモノで暮らす」ことにある種の「解放感」を感じ取る人たちです。その裏返しには、「モノにしばられる自分」があります。

欲しいモノを買うためには、お金が必要。お金を得るためには、労働が必要。たくさんの時間を、稼ぐために費やす必要があります。その結果手に入れたモノで感じられる満足は、いとも簡単に自分の手からこぼれてしまいます。手に入れたモノは、その瞬間から「新しいモノ」

ではなく、「古いモノ」になります。際限なく次の新しいモノが市場に投入され、巧《たく》みに宣伝され、欲望を掻き立て、わたしたちのまわりに押し寄せてくるからです。

そのことに気づいた人たちがミニマリストを目指します。ミニマリストたちにとって、「モノを減らすことは自分らしさを取り戻す手段」なのです。その先にあるものこそ重要だ、とわたしは思います。そのことに気づいているのは、ミニマリストだけではないでしょう。

「もう、これ以上モノはいらない」と思っている人は、多いのではないでしょうか？　たくさんのモノを使いこなし、片付け、捨てることにウンザリしている人は、たくさんいます。いままでは、捨てることにもある種の煩《わずら》わしさがあります。すべて一緒くたにごみ袋に放り込むことは、許されず、「分別」が義務付けられます。リサイクルは、実は煩わしい。ごみ問題の本を読むと、「ごみを分別するには時間が取られる。これ以上の分別はもうイヤ」という声が聞かれます。その原因は、リサイクルするとはいえ、捨てるモノが多すぎるからです。

佐々木さんの本を読んで、印象に残ったことが二つあります。

一つは、「モノの豊かさより時間の豊かさ」という言葉。これは、日本に生きる大半の人たちが感じていることかもしれません。「世界で一番貧しい大統領」と言われたウルグアイのホセ・ムヒカさん（九一ページ参照）が来日したとき、多くの人びとがそのメッセージに共感しました。彼はこう言っています。

「あなたがスーパーで買い物をするとき、あなたが払っているのはお金ではなく、あなたの人生の時間なのです」

もう一つは、持つモノを減らすことによって、「他人と比べなくなる。人の目線を恐れなくなる」という記述です。こういう心境になれるのであれば、「ミニマリストになろう」という人もたくさんいるのではないでしょうか？　「自分自身のかけがえのない人生を生きたい」という気持ちは、すべての人にあります。その一端が「持つモノを減らすことによって得られる」のであれば、だれもが持つモノを減らすことに同意するでしょう。

モノを減らした後が大事

本の中には、「生きていくうえでどうしても必要なモノと欲しいと思うモノの違い」への気づきが述べられています。「生きていくうえで、どうしても必要なモノ」とは何でしょうか？

一番は空気でしょう。空気がなくなれば、人は一〇分以内に死にます。

次に必要なのは水です。水がなくなれば、人は数日で死にます。

次に必要なものは食べものです。食べものがなくなれば、一カ月以内に人は死にます。

次に必要なのは衣服です。衣服がなければ、暖かい地方に住む人を除けば凍え死ぬでしょう。

次に必要なのは身を横たえる住処《すみか》です。それがなければ、人は数年しか生きられないでしょう。

でも、それらを満たすのはわずかなモノです。そう！　必要なモノは、それほど多くないのです。

　では、捨て場に困るほどの多くのモノがなぜ、あふれてしまったのでしょう？　「必要なモノ」は、とっくの昔に満たされていたにもかかわらず……。

　それはズバリ、「お金という魔物」のせいです。お金のために、人生が奪われ、自然環境が奪われ、時間が奪われたのが現代です。しかも、その速度が限界に来ている。そのことに気づいた若い人たちが、ミニマリストと呼ばれる人たちなのではないでしょうか？

　実は、モノを減らすためにはごみが増えます。そこから分かるように、「減らすためにモノを捨てる」ことは、エコではありません。エコになるためには、減らした「後」が大事なのです。「断捨離した後はスペースが空くので、また思いっきり好きなモノを買える」という人もいます。それでは、「何のための断捨離？」と思わずにはいられません。僧侶で作家の瀬戸内寂聴さんは言います。

「モノが溜まるのは垢《あか》のようなものね。自然とそうなるの。だから、ときどきお風呂に入る必要がありますね」

　欲しいと思ってわが家にモノが増えたのではないとすれば、寂聴さんの言葉には説得力があります。長く生きると、「自然とそうなる」のです。

　わたしの場合、そこにあるモノを生み出すことに関わった人の思いを想像すると、「捨てられたモノを救いたい」という気持ちになります。長く大事に使われてきたモノほど、その思いは強くなります。それは、いまの仕事につながっています。

「救いたい」という気持ちは、モノだけではありません。それは、人や生きものにも及びます。救うことによって自分も救われるのです。

最後に、若きミニマリストたちに送りたい言葉があります。

「良きことはカタツムリのように進む」（ガンジー）

一人ひとりがやれることは、ささやかなことかもしれません。相変わらず世の中にはたくさんのモノがあふれています。でも、いつか、そのゆっくりした歩みが大量生産・大量消費・大量廃棄社会を変えるかもしれません。

未来との対話

大学祭の前に孫世代へ講義

毎年秋に開催される大学祭で、ごみを減らすお手伝いをしています。札幌市にある北海道武蔵女子短期大学で、分別された資源の回収をするだけでなく、「ごみそのものの発生が少ない大学祭」を一緒に目指しているのです。

大学祭では、焼きそばやたこ焼き、ビールやソフトドリンクなどを入れるプラスチック製・紙製の使い捨ての皿やコップのごみが大量に出ます。それらを減らそうと、洗って何度も使えるリユース食器や、「食べられる食器」(アイス最中やソフトクリームのコーンのような食器)を模索しています。京都市は、お祭りごみの減量に積極的です。立命館大学や同志社大学の大学祭、祇園祭のような大規模なお祭りでも、リユース食器を使うようになってきました。札幌市でも、ごみの減量に熱心な姉妹都市ミュンヘン市(ドイツ)とのコラボイベント「ミュンヘン・クリスマス市 in Sapporo」では、リユース食器を使っています。

学生たちには、「なぜ、ごみを少なくすることが必要なの?」をテーマに、大学祭が行われる前に講義をします。講義には毎回、一八～二〇歳の女子学生が二〇〇人以上参加。孫の世代に向かって語りかけるわけです。

講義は、モニタリングポストのある二本松市の幼稚園（一三六ページ参照）の庭で遊ぶ子どもたちの写真を見せるところから始まります。モニタリングポストを指して、「これ何だか知っている人、手を上げて」と聞くと、だれも分かりません。もちろん、福島原発の事故は全員が知っていますが、「モニタリングポストが建っている幼稚園は世界でここだけなんだよ」と続けると、教室に驚きの表情が広がります。

アルミ缶とペットボトルと水筒

「ごみがテーマなのに、なぜ原発の話をするの？」という戸惑いもあるので、次にその疑問に答えます。まず、身近なアルミ缶について。

「電気の缶詰」と言われるアルミ缶は、ボーキサイトという鉱石を電気精錬して作ります。三五〇ミリリットル缶一つに五〇〇Wの電気が必要で、日本の分だけで年間四三四万kwもの膨大な電力を要します（七九ページ参照）。ボーキサイトはほぼ一〇〇％海外から輸入。精錬のための電力は巨大なダムから造られ、そのダム建設によって広大な森が水没し、そこで暮らす人たちの生活が破壊されたことを伝えます。

アルミ缶をリサイクルすれば、たしかに新たに作る際の三％程度の電力で作ることができます。しかし、回収したアルミ缶からは蓋《ふた》の部分は作れないので、その部分は輸入するしかありません。

飲料の自動販売機は日本全国に約二五〇万台あります。近年は省エネ型になっていますが、一台あたりの平均電力消費量は一カ月八〇〇kw程度です。一家庭の一カ月分の消費電力は約二七〇kwですから、その三倍近い電気を使っているわけです。自動販売機で飲料を買うごく普通の暮らしを見直すことが必要なのではないだろうか、と孫たちに問いかけます。

次に見せる写真(左)は、ドイツに行った友人からもらったコーラのペットボトルです。ドイツの人たちは飲み終わると、買った店に持って行きます。そこには逆自動販売機とも言うべきものがあって、空のペットボトルを入れるとお金が出てくるのです。なぜでしょうか?

ドイツでは購入時に容器使用料として五〇円を上乗せして払っているからです。だから、返却すると五〇円が戻ってくるというわけ。戻されたペットボトルはコーラを詰める工場に戻され、洗浄されて再使用される仕組みです。これには、みんなビックリ!

こうした仕組みが生まれた理由の説明には、東京大学生産技術研究所の「飲料容器についてのライフサイクルアセスメント」という研究を紹

介します（大川隆司「ライフサイクルアセスメント手法による容器間比較の研究事例」https://www.jstage.jst.go.jp/article/jime2001/36/4/36_4_256/_pdf/-char/ja など）。その結論は、「飲料容器はリサイクルするよりも、洗って何度も再使用（リユース）したほうが環境負荷が少ない」です。

最後に、水筒（マイボトル）と急須の写真を見せます。「マイボトルを持ち歩くのが環境に一番いいのです。マイボトルを持ち歩いている人、手を上げて」と投げかけると、ちょっと誇らしげに手を上げる学生が案外多くいます。

ファストファッションはなぜ安い？

もうひとつ、孫たちの興味を引く話題を取り上げます。それは、ファッションです。ファストフードならぬファストファッションが普及して、日本人の衣料品の消費量は、経済産業省の統計によると年間四〇億着にまで増えました。一九九〇年の一六億着と比べると二・五倍です（一〇八ページ参照）。この間、人口はわずかしか増えていません。二〜三回着たら捨てるという話も、よく聞きます。そこで、次のように問いかけてきました。

「一番多い繊維はポリエステルで、石油が原料です。石油の消費量が増えると、温室効果ガスが増えて気候変動が心配されていることは、知っていますよね。次に多いのは綿。綿の栽培には、農産物の中でいちばん多く農薬を使います（日本オーガニックコットン協会）。さらに、衣料品をさまざまな色に染色するために何種類もの化学薬品を使います。そのなかには、人体や環境に有害なものもあります。

　また、衣料品の縫製は人の手で行わなければなりません。その多くは、人件費の安いカンボジアやバングラデシュで行われています。それに従事する人は、みなさんと同じくらいの若い女性です。もっと年下の少女たちもいます。二〇一三年に、バングラデシュで縫製工場が多く入ったビルが倒壊して、たくさんの女性たちが死にました。命も失いかねない劣悪な労働環境で、安くて便利なファストファッション、みなさんの服が作られています。それでいいのでしょうか?」

　学生たちに、困惑する表情が広がります。最後にガンジーの言葉を紹介します。

「あなたが何をするにしても、それは些細なことでしょう。しかし、それをするということがとても大切なことなのです」

学生たちの感想

　しばらくすると、孫たちからずっしりと重い感想レポートが送られてきます。以下は、その抜粋とわたしからのコメントです。

「電気料金の値上げ(泊《とまり》原発の停止後、北海道電力が実施)は、オール電化住宅のわたしの家にとってかなり痛いけど、いまなお放射線におびえながら暮らしている人がいることを知った。

何年も経っているので大丈夫でしょと思っていたが、まだまだ問題があると知った」

〈コメント　北海道では、冬の暖房を電気でまかなうと月々の電気代が五万円を超えるとも。福島原発の事故の賠償や廃炉にかかる費用は、当初見積もりの二兆円をはるかに超えて、その四倍の八兆円と言われています。事故がなくても、原発から出る放射性廃棄物という厄介なごみの始末にどれだけお金がかかるか分かりません。原発で造る電気は決して安くはないと多くの専門家が指摘しているので、原発が再稼働しても電気代は安くならないでしょう〉

「自分がちょっと楽をしたいためにやっていることが、自分やもしかしたら自分の子どもに環境の変化として被害が出てからでは遅いなと思いました。自分以外の人にまで被害を与えてしまうのがイヤだから、他の人がどうとかじゃなくて、環境を考えて行動しようと思った」

〈コメント　自分の何気ない行為が、他の人や子どもたちを苦しめるのはイヤだよね〉

「わたしの両親の実家は福島県です。いまなお危険な場所があります。でも、そこに住み続けなければならない人がいます。なんとも言えない気持ちになりました」

〈コメント　わたしもなんとも言えない気持ちです。小出裕章さんという原子力の専門家がいます。彼は「子どもたちだけは福島から避難させるべき」と言っています。授業で話した福島で幼稚園をやっているわたしの友人は、福島にとどまることを選択したのですが、幼い子ど

もたちを見ながら、「正しかったのかどうか毎日悩んでいます」と告白しました〉

「とくに用もないのに電気をつけっ放しにすることが多いので、消すように心がけ、節電しようと思う。原発をなくすことには反対だが、安全が確認できるまでは止めるべきだと思う」

〈コメント　あなたはなぜ「原発をなくすことには反対」なのですか？　北海道電力は、泊原発を再稼働させる理由として、「電気料金が安くなる」「エネルギーの安全保障」の二点を挙げています。でも、本当にそうか？　北海道電力は泊原発を再稼働させるために、すでに二五〇〇億円もの費用をかけています。さらに、原発に関わる費用が膨らむのは必定。それで電気料金は安くなるのか疑問です。「エネルギーの安全保障」というなら、エネルギー資源を輸入に頼らない風力・太陽光・バイオマス発電こそ安全保障になると思います〉

「放射線事故が起きたのは、中三の冬(三月)でした。記憶はすでにボンヤリしていて、ハッキリと思いだすことはできません。五年前の出来事は、時間にしてみるととても長いです。そんな前の出来事がいまも続いていると思うと、どうすることもできない自分がものすごくもどかしいです。人間の手で生まれたものは自然が手に負えるものではない、と思いました」

〈コメント「もどかしい自分」に何かできることがないか？　考えてくれるとうれしいです。今年も福島から大勢の子どもたちが、放射能から一時避難して北海道に来ました。札幌市内に

は、福島からの避難を続けている多くの子どもたちがいます。支援してあげてください〉

「放射能問題の話を聞いて、東京の友人が『東京の水がイヤな臭いがするようになった』と言っていたのを思い出しました。『頭痛や原因不明のめまいが起こるようになった』とも聞きました。福島原発事故前にはなかったということです。着実に放射能問題は、福島だけではなく、日本全土を侵し始めているのではないかと心配です」

〈コメント　福島だけではなく、近隣県でも子どもの甲状腺がんが多発しています。とても心配です〉

「高校三年生のとき、初めて同じクラスになったある男子は、福島原発の事故のせいで北海道に避難してきた子でした。『福島の友だちに会えなくて寂しくない？』と聞いてみると、『寂しいけど仕方ないよ』と言っていて、なんだかとても悲しい気持ちになりました」

〈コメント　わたしも悲しい気持ちになりました。でも、その悲しさが大事だよね〉

「わたしはいままで、ペットボトルはリサイクルすれば環境に良いと思っていた。でも、最終的に燃やされ、結局は環境に悪いということを知った。リサイクルされれば大丈夫と思っていたが、リサイクルされた後のことはいままで一度も考えたことがなかった」

〈コメント　使い終わった後のことを知るのは、とても大切です。リサイクルには「持続可能なリサイクル」と「一回限りのリサイクル」があります。環境省では、持続可能な循環システムを目指して、「リサイクルの高度化」を提唱しています〉

「アルミニウムが輸入されていること、ボーキサイトが日本ではとれないことに驚きました。ツクルイダム（ブラジルのアマゾン川の支流に作られた巨大ダム）の話では、熱帯雨林がなくなり、インディオの人たちが住めなくなったと聞き、豊かにするために犠牲があることを実感しました。そんな犠牲があるのなら豊かにならなくともよかったと思いました」

〈コメント　だれかの犠牲の上に成り立っている「豊かさ」は、「本当の豊かさ」と言えないと思います。日本にかぎらず、ヨーロッパやアメリカなどの「先進国」と言われる国の「豊かさ」をわたしも考え続けたいと思います〉

「わたしはファストファッションの服をよく買います。お金がない、しかし服はたくさん欲しいというわたしにとって、安くてデザインもかわいいファストファッションは、とても魅力的だと思っていました。でも今日の話を聞いて、わたしよりも年下の女の子が過酷な労働をさせられていることを聞いて、なんとも言えない気持ちになりました」

〈コメント　お店に行ったとき、「今日の気持ち」を思い出してください。「もうひとりの自

分」に出会えるかもしれないよ〉

「わたしたちはキレイごとばかり言いながら、すぐに着なくなった服を捨てたり地球を考えていないことをたくさんしていて、矛盾しているなあと思いました。『これっていつまで着るのかな？　ほんとうに欲しいのかな？』とよく考えてから買って、大切に長く着たいと思います。どうせわたしがやっても何も変わらないという考えは一切なくして、わたしから始めよう。わたしが変わらないと何も変わらないという前向きな気持ちを持って、エコを積極的にしていきたいと思いました」

〈コメント　拍手！〉

「『あなたが何をするにしても、それは些細なことでしょう。しかし、それをするということがとても大切なことなのです』（ガンジー）という言葉がとても心に残りました。これから自分たちがしていかなければならないことが何なのか、しっかりと考えようと思います」

〈コメント　思いが伝わって本当にありがとう！〉

孫たちの未来に幸多くあることを心から願っています。

くず屋の四季

長い冬

北海道の冬は、いつから始まるのでしょう？

本州以南ではまだ夏の終わりの九月、北海道最高峰の大雪山から雪の便りが届きます。同じころ本州でも富士山の初冠雪が伝えられますが、同じ高山の雪でも本州の人と北海道の人では、その受けとめ方が違う気がします。北海道の人にとってそれは、自分の住むところにも足早に駆け下りてくる「長い冬」へ向かう、最初の「気配」というべきものです。

一〇月に入ると、「札幌近郊の国道二三〇号線中山峠は圧雪・アイスバーン」という道路情報がラジオから伝えられるようになります。街にはまだ雪はありませんが、峠越えのために夏タイヤから冬タイヤへの交換が、最初の冬の準備です。その中山峠を越えて、わたしは一カ月に一回、倶知安町《くっちゃん》にある再生トイレットペーパーを作っている製紙工場に、原料となる古紙や紙パックをトラックで運んでいます。もう三〇年近くになります。

札幌でも一〇月二〇日ごろには、初雪が降ります。「雪虫を見たら、その一週間後には雪が降る」という自然現象の言い伝えは、いまも札幌市民にとってかなり信憑性の高いものです。「雪虫」というのは、雪のような白い綿に包まれたアブラムシの仲間。街の至るところ、高層ビルの立ち並ぶ中心街区でも飛び交います。二〇一六年に雪虫を見た日の気温は二〇℃を超えていて、とても一週間後に雪が降るとは思えませんでした。しかし、言い伝えどおり一〇月二〇日には初雪が降り、例年は舞うだけのそれが一気に積もりました。

一一月になると、いよいよ冬が始まります。九月の大雪山や一〇月の札幌の雪がその年「初めての冬＝初冬《しょとう》」であれば、一一月は「いよいよ始まる冬＝始冬《しとう》」です。そして、一二月は「本格的に冬＝本冬《ほんふゆ》」、一月は「これが真の冬＝真冬《まふゆ》」、二月は「厳しいぞ！冬＝厳冬《げんとう》」、三月は「まだまだ終わらぬ冬＝終冬《しゅうとう》」というのが、わたしの季節感です。

札幌市は人口一〇〇万人を超える大都市としては世界一の積雪量を誇り、年間降雪量は五メートルにもなります。それを証明する不思議な家があります。二階の廊下の突き当たりにドアがついているのです。何のために？

それは、大雪の積もった厳冬期に一階のドアが雪に埋もれてしまうので、二階から出入りするために取り付けられたドアなのです。最近は、そうした不思議な家はほとんど見かけなくなりました。でも、車の少ないころはいまほど除雪が行われず、雪は踏み固められていたので、地面が二階ほどの高さにも持ち上がっていたのです。

札幌市が支出する除雪費は、二〇一九年度予算で二一五億円も計上されています。ほとんどが車を通す道路のための経費です。除雪用の重機やダンプカーに加えて、渋滞による一般車の排ガスも冬は激増します。温室効果ガスによる気候変動が問題になる時代、ひたすら除雪するのではない、環境に配慮した雪との付き合い方を考えるときが来ていると思います。

たとえば車については、路面電車やバスなどの公共交通機関を増やす、モノについては共同運送の仕組みをつくるなど、車の交通量を減らすことが除雪の負担減につながるでしょう。また、美唄《びばい》市では雪を貯めて夏場の冷房エネルギーに使う取り組みが進んでいます。札幌市でも中心部の札幌駅北口に、冷熱エネルギー供給システムのための融雪槽《ゆうせつそう》があり、周囲のビルの冷房に使われています。ひたすら排除するのではなく、「雪と仲良くするにはどうしたらよいか」という発想が求められているのではないでしょうか。

雪とトラックの闘い

冬の資源回収作業は、雪との闘いです。闘っても負けるので、本当は闘いたくないのですが、仕事上は立ち向かわざるを得ません。

一晩で三〇センチを超える雪が降れば、朝はスッポリ雪に埋まったトラックを掘り出すことから始まります。キャビンや荷台の雪を降ろし、駐車場から道路までの雪を排雪しなければ、トラックは出発できません。

無雪期には一五分で到着する回収現場まで、冬に道路が渋滞していると四五分もかかります。

しかも、細い小路は除雪が間に合っておらず、トラックが入れません。トラックが一時駐車できる場所をようやく見つけて、あらかじめ用意した運搬用の大型ソリを降ろし、小路に出された古新聞やダンボールを載せ、トラックまで運びます。

こうした作業は、雪のないときの二倍以上の時間がかかることも少なくありません。傾斜のある場所では四輪駆動のトラックを使います。道路に点在する下水のマンホールは地下熱のせいで雪が溶け、その周囲だけが大きな窪みになり、その窪みを新雪が覆い隠していることもあります。一見平らに見えるのでトラックを進めると、突然「ガクン！」と大きな衝撃が……。

そうなると、窪みにはまったタイヤを脱出させるのに一時間以上かかってしまうこともあります。仲間の車が近くにいれば、ワイヤーをつないで引っ張りますが、一人のときはどうするか。

まずは、落ち着くことが肝要。あせって無闇に脱出しようとすると、ますます深みにはまることがよくあるからです。最初に、タイヤの周囲の雪を除雪用のスコップで取り除きます。次に、ジャッキを使って落ち込んだタイヤを持ち上げ、荷台に積んでいる古新聞の束や金属製のタイヤヘルパーを浮いたタイヤの下に置きます。そして、アクセルをそーっと踏み込んで、ゆっくりと発進するのです。絶対エンジンを吹かしてはダメ。タイヤが空回りして、ますます深みにはまることになります。

雪との闘いがようやく終わったころには、「早く春になってほしい」と心底思う夕暮れです。

昔のくず屋さんは、春から秋に集めた荷物を倉庫一杯に積み、長い冬の間は倉庫の中で選別したり解体したりしていたと言います。とても合理的です。「雪と闘う資源回収」を、そろそろ見直すときかもしれません。環境にも人にもやさしい冬仕事のあり方。模索したいですね。

忙しい春はフキノトウとともに

北国の春は、そこに生きる人たちにとって、「春を待つこころ」から始まるのかもしれません。「冬至《とうじ》」はその字のごとく、「冬に至る日」。一年で一番昼の時間が短い日ですが、わたしは「明日から日が少しずつ長くなって、春に向かう日」として、とても好きな日のひとつです。身体《からだ》で感じる春は、土手のフキノトウから始まります。傾斜があって積雪の少ない日当たりの良い土手から一番に芽吹くのです。三月の末ごろ、周囲はまだ深い雪の下です。

ある年の早春、使用済み天ぷら油から石けんを製造できるミニプラントの納品をするために、札幌近郊の福祉施設を訪れました。その施設では、近隣の学校給食を作る施設から天ぷら油の廃食油をもらって粉石けんを作る計画です。まず、入所型施設に必要な寝具、入所者たちの衣類などの洗濯に使います。将来は、地域全体に石けんを広めていこうと考えています。

集められた廃食油は、天ぷらカスなどの不純物を沈殿または濾過《ろか》します。その油に苛性ソーダを加えて加熱すると、化学反応が起きて石けんができるのです。石けんのルーツは紀元前三〇〇〇年の中東。生贄《いけにえ》に捧げられた羊を火で炙《あぶ》ると油が滴《したた》り落ち、木灰と混じって石けんができたのが始まりとされています。五〇〇〇年(!)の歴史があるわけです。

一方、石油から軍事技術により化学合成された合成洗剤の歴史は、せいぜい一〇〇年(第一次世界大戦中に開発)にすぎません。自然界で分解しない、人体に有害など、さまざまな問題が指摘されています。

大手洗剤メーカーのテレビ広告などで、現在は石油由来の合成洗剤を使うのが当たり前になっています。しかし、目指すべき未来の持続可能な循環型社会では、植物や動物の油脂、そして廃食油を原料にした石けんが使われるようになるでしょう。

三月末、ミニプラントを納品した帰り道。まだ雪の残る川べりの土手の一角で、そこだけ地面が露出している場所に、その春最初のフキノトウを見つけました。納品に同行していた幼い孫の名前は、「芙希《ふき》」といいます。もう一人の同行者は、当時、リサイクルせっけん協会北海道の代表を務めていたSさん(故人)。彼女は植物の絵を描く科学者でもあります。

フキちゃんとSさんとわたしは、フキノトウが顔を出す土手に降りて、久しぶりの土の匂いを嗅ぎながらフキノトウ狩りを始めました。

「フキちゃん、全部採ったらダメなんだよ。半分残すんだよ。全部採ったら、来年は一本も生えなくなるからね」

Sさんが自然とのお付き合いの仕方を教えます。

持ち帰ったフキノトウは、茹でて酢の物にしたり、細かく刻んで味噌に混ぜフキ味噌に。わたしは天ぷらが好き。口からお腹へ、ほのかに苦い春が広がります。

四月から五月にかけては、資源回収の仕事が最も忙しい季節です。冬の間溜まっていた古新聞やダンボールが、たくさん回収に出されます。一度にたくさん回収するには、「身体で覚えるしかない技術」が必要です。たとえばダンボールを荷台に高く積み上げるには、荷崩れしないように、ほんの少し内側と前側に傾斜をつけて積みます。これが、慣れないとなかなか難しいのです。理屈は分かっていても、うまくいかない。身体で覚えるしかない技術です。

その日は、札幌に隣接する小樽市の銭函《ぜにばこ》という古い港町に回収に行きました。町会の会長以下役員さんが一〇人ほど出て、回収トラックに同行して町内を一巡りして集めます。会長さんは、元気いっぱい作業をしていました。

「オレ七二歳、町会では若手。今日出ているなかには八〇を過ぎてる人もいるよ」

資源回収の収益金は地域にとって重要な活動費です。除雪の費用や草刈り、清掃、街路灯の維持費などに使われます。資源回収は地域を守る役割も果たしているのです。

全身に汗して働く夏

札幌では、「札幌祭りのころストーブをはずす」と言われます。それは毎年六月一五日。この時季には昼間の気温が二五℃を超える「夏日」になることもありますが、朝晩は一〇℃以下に下がってストーブが必要な日もあります。一日の気温の寒暖差が大きいのは、北国の特徴です。

七月に入ると、最低気温も二〇℃を超えるようになります。夏を肌で感じる季節です。八月に入ると、日中に気温が三〇℃を超える日も現れます。日差しも強くなり、木々の緑が深まります。とはいえ、真夏でも日陰に入れば涼しさを感じるのが北国の夏です。旧盆を過ぎるころには涼しい風が頬を吹き抜け、「夏の終わり」が訪れます。

本州以南の人たちにとっては「ああ、やっと暑い夏が終わってくれる。ホッとする」という感覚なのでしょう。でも、北海道のわたしたちにとっては、「終わってしまったね」という感慨が残る夏の終わりなのです。

夏の資源回収は、汗との闘いです。それには水分の補給がポイント。わたしはふだんフェアトレードの東ティモールコーヒーを小型の水筒に詰め、マイボトルとして持ち歩いていますが、夏場はさらに一リットル入る水筒を用意。塩分の補給も必要なので、塩分を含む清涼飲料水の粉を溶かして持ち歩くこともあります。

それでも水分が足りなくなるときがあり、公園の水飲み場に駆け込むか、やむを得ずコンビニを利用することもあります。コンビニでは紙パック入り飲料を買います。ペットボトルや缶に入ったものは買いません。

飲料容器の環境負荷を比較した研究（一〇二ページ図2参照）では、洗って何度も使うリターナブルびん（たとえばビールびん）の環境負荷が少ないことが分かっています。その次に少ないのが、更新性資源である紙パック容器です。しかも紙パックは一リットルパック一本〇・五円で、古紙として売ることができます。

　ただし、そのこだわりゆえに困ることがあります。町内会の資源回収が終わると、「暑いのにご苦労さん。これ飲んで」と缶ジュースをもらうことがあるからです。さすがに、「実は缶飲料は飲まないので」と断ることができません。相手はお客さんだし、労をねぎらってくれているのですから。

「ありがとうございます」とお礼を言って受け取ります。そして、「もらいものだけど、よかったら飲んで」と言って身近な人にあげます。わたしが缶やペットボトル飲料をワケあって飲まないことを家族は知っているのですが、「普通のモノ」としてわが家に持ち込まれることもあります。そんなときは、「サラッと受け流す」ことにしています。

「智に働けば角が立つ。情に棹《さお》させば流される。意地を通せば窮屈《きゅうくつ》だ。とかくに人の世は住みにくい」

　夏目漱石の言葉が脳裏に浮かびます。

　ところで、『男はつらいよ』という山田洋次監督・渥美清主演の映画(一九六九〜九五年)をご存じですよね？　初期の作品に、テキヤを本業とする車寅次郎こと「フーテンの寅」が、「今日から俺は地道に生きるんだ」と決心して、心を寄せる女性が営む豆腐屋で働くシーンがあります。そのとき寅は、油揚げを揚げながら、「額に汗して働くのが、人間の本当の生活っててもんよ」と見得《みえ》を切ります（その後、失恋して元のフーテンに戻るのですが）。「額に汗して働く」というセリフが、わたしには印象に残っています。「額に汗して働く」って、なんか「働くことの原点」っぽいですね。

夏の本州以南の資源回収は大変でしょう。ある夏、千葉県にある空き缶や空きびんを選別する施設を訪れたことがあります。そこで働いていたのは、外国人ばかりでした。夏の過酷な時期に、日本人はこうした労働をしたがらないのです。選別作業が行われていた場所には、冷風機が設置されていました。それでも息苦しい作業環境です。夏の暑い時期、ペットボトルや缶入り飲料の消費が激増します。その後始末を在日外国人に任せる社会でよいのでしょうか。日盛りの夏、資源回収の仕事が「額に汗して」続きます。それでも、北海道では一カ月ほど。お盆を過ぎれば、秋風が立ちます。

短い秋に循環型の経済と社会を考える

ナナカマドは本州では主に山に見られますが、北海道では札幌に多い街路樹です。お盆を過ぎると、そのナナカマドがにわかに色づき始めます。葉から色づき、やがて実が橙色《だいだいいろ》になるころ、短い秋がやってきます。銀杏《いちょう》の街路樹も多いのですが、道の右側は青々とした緑の葉なのに、左側は黄色だったりします。たぶん、日当たりのせいでしょう。

一九七九年の創業まもないころ、親しい友人が切り盛りしていた北海道最初の有機農産物の八百屋の仕事を手伝っていました。色づく湖畔の一本道を辿《たど》ると、山の斜面に切り開かれた畑に着きます。そこには収穫された大根が積まれているはずなのですが、大根はまだ畑に埋もれていました。事態を予想していた総勢三人の八百屋メンバーが早速、収穫作業を開始。当時は、生産者・流通者・消費者の境が曖昧だったのですね。

そうした曖昧さはシステムが整うと失われていきます。「ボク生産者・わたし流通業者・お客様はカミサマです」となりがちです。しかし、お金のやり取りだけの役割を押し付けられた社会システムそのものが、いま問われています。消費者が良心的生産者や流通業者を共同購入などで支えるだけでなく、畑に行って農作業を手伝って交流することは、珍しくなくなりました。

秋の資源回収は「ボロ（古着・古布）」の回収量が衣替えに合わせて増えていき、一カ月に数トン（約一万五〇〇〇着）にもなります。濡れると再利用が難しくなるので、回収する時は濡らさないように注意しなければなりません。

年間に日本国内で捨てられる衣料品の数は、二〇億着（！）という試算があります。そのうち再利用される衣料品は三分の一。残りの三分の二は、ほとんど焼却されます。でも、こうした暮らしは、いつまで続けられるのでしょうか？

ヨーロッパでは最近、「循環経済」という概念が持続可能な社会のキーワードとして提唱されています。これまでは人間の身体にたとえて、「ひたすらモノを生産する動脈産業」と「そこから生み出される廃棄物を再利用する静脈産業」に分けられてきました。しかし、循環経済では、リデュース・リユース・リサイクルのいわゆる「三R」は、「単に廃棄物を減らすための施策」として位置づけられます。

そこからさらに一歩踏み込んだ、「使い終わったときに三Rを始めるのではなく、再利用または長期間の使用を初めから埋め込んだ持続可能な生産システム」への移行が目指されているのです。日本ではまだごみの減量を目的にした三Rの域を出ませんが、これでは持続可能な未来にとっては不十分です。

循環経済とは、生産システムそのものの変革を意味しています。これからのくず屋は、単に再生資源を回収するだけでなく、「再生資源を再利用する生産者」を目指さなければなりません。もちろん、それはごく少量の生産から始まるでしょう。しかし、社会の片隅で始まるそうした試みが未来を拓くことになると確信しています。

たとえば熊本県には、使い捨ての飲料容器が圧倒的に多いなかで、洗って何度でも使えるガラス製リユースびんの普及に尽力しているくず屋の仲間がいます。旭川市には、「一〇〇年の年輪を刻んだ木で作った家具は一〇〇年使える」として、販売した椅子や机の修繕に力を入れている家具メーカーがあります。

大分県中津市で豆腐屋を営んでいた松下竜一さんは、一九六八年に『豆腐屋の四季』というエッセイを書きました(『豆腐屋の四季——ある青春の記録』講談社文芸文庫、二〇〇九年)。松下さんは豊前《ぶぜん》火力発電所建設という巨大開発に対して「暗闇の思想」を唱え、建設反対運動に取り組んでいました(『暗闇の思想を——火電阻止運動の論理』社会思想社現代教養文庫、一九八五年)。北海道でも、伊達火力発電所の建設に対して、漁民・農民・市民の広範囲な反対運動がありました。学生だったわたしは一九七三年の夏に松下さんを訪ね、自宅に泊めていただいたことがあります。松下さんと出会って反対運動に取り組み、移動販売の魚屋をやっていた梶原得三郎さんの『さかなやの四季』(海鳥社、二〇一二年)というエッセイも読みました。

地域に密着した商店街の衰退もあって、「〇〇屋」という名前の付く仕事をする人がめっきり少なくなりました。しかしこの先、地域に密着したスモールビジネスこそが、持続可能な循環型の地域社会を創るはずです。

そんな思いとともに秋も深まり、真っ赤に紅葉したナナカマドや鮮やかな黄色に色づいた銀《い》杏《ちょう》に真っ白な雪が降り積もるころ、くず屋の四季がまた次の一年へと巡ります。

おわりに

「懐かしい未来」という言葉をご存じでしょうか？

有名なのは、インドのラダックについて書いたヘレナ・ノーバーグ＝ホッジ（スウェーデン人の環境活動家）の著書です（『懐かしい未来――ラダックから学ぶ』懐かしい未来翻訳委員会訳、懐かしい未来の本、二〇一一六年）。彼女は最近も日本に来て、フォーラムを開催しました。東日本大震災で大きな被害を受けた陸前高田市（岩手県）には、「なつかしい未来創造株式会社」という名前の会社もあります。

京都市の京エコロジーセンター（京都市環境保全活動センター）を見学したとき、最も印象に残ったのは「未来の街の姿」です。そこには、さまざまな環境技術が取り入れられた「懐かしい街屋」の模型がありました。

家族のことはほとんど書きませんでしたが、娘が二人、息子が一人（本書のイラスト担当）、女の子の孫が三人。そして、もちろん連れ合いが一人います。この本の題名は、連れ合いが考案しました。孫が生まれたとき、新しい命との出会いを感じると同時に、娘や息子が幼子だったときを思い出しました。まさに、「懐かしい未来」との出会いだった気がします。

いま、若い人たちが田舎に移住したり、都市の中で共生の道を模索したり、「懐かしい未来」に向かおうとしているように見えます。そして、世界中にそう思っている人たちがたくさんいます。くず屋も「懐かしい未来」の風景の一員になれればと思います。「懐かしい未来」にあふれた社会でこそ、わたしたちは幸せに暮らせるのではないでしょうか？　わたしには、そう思えてなりません。

この本は「さっぽろ自由学校・遊《ゆう》」の通信『ゆうひろば』に連載した「ひがしさんのボロボロ日記」（現在も執筆中）をもとに、大幅に加筆・訂正し、さらに一部を書き下ろしたものです。編集者である花崎晶さんの熱心な勧めがなければ、とてもここまで到達できませんでした。どうもありがとうございました。また、本の装丁を引き受けてくださった石川真來子さんにも感謝します。

最後に、出版に同意くださったコモンズの大江正章さんに感謝いたします。わたしにとっては、記念すべき一冊になりました。

二〇一九年六月二〇日

東　龍　夫

【著者紹介】

東　龍夫（ひがし・たつお）

1952年、東京都生まれ。

（有）ひがしリサイクルサービス代表、札幌市資源リサイクル事業協同組合理事長、日本再生資源事業協同組合連合会副会長。

1979年以来、集団資源回収、廃棄物再生事業（古紙・ビン・缶・金属・廃食油・古布）、再生原料を利用したエコ商品の販売などを行うとともに、北海道のさまざまな社会運動に積極的に関わる。

著書『くず屋がゆく——ゴミ問題最前線＋最底辺』アジア太平洋資料センター発行、現代企画室発売、1999年。

ザ・ソウル・オブくず屋

二〇一九年一〇月五日　初版発行

著　者　東　龍夫

イラスト　東　飛郎
発行者　大江正章
発行所　コモンズ
東京都新宿区西早稲田二—一六—一五—五〇三
TEL〇三（六二六五）九六一七
FAX〇三（六二六五）九六一八
振替　〇〇一一〇—五—四〇〇一二〇
info@commonsonline.co.jp
http://www.commonsonline.co.jp/
JASRAC 出 109835-901

印刷・加藤文明社／製本・東京美術紙工
乱丁・落丁はお取り替えいたします。
ISBN 978-4-86187-162-7 C 0036